工学结合·基于工作过程导向的项目化创新系列教材
国家示范性高等职业教育土建类“十二五”规划教材

建筑工程测量实训

JIANZHU GONGCHENG CELIANG SHIXUN

主　编　曹志勇
副主编　卢　舸　王学军　张丽军
　　　　杨　蓉　陈　晨　郝海森

华中科技大学出版社
http://www.hustp.com
中国·武汉

内容提要

本书共由以下几部分构成:实训须知部分主要说明实训中的规定、要求、仪器借还与使用规则以及其他注意事项;单项实训部分主要阐述各基础测量项目的实训目的、任务和方法等,注重学生基本功的训练。综合实训部分主要说明测量内容的综合应用方法和过程,注重培养学生综合知识运用能力,锻炼学生进行测量工作的开展、组织及协调能力;附录部分为测量知识学习中相关的内容。

本书以实践性内容为主,力求知识全面,语言简练,便于自学。可作为高等职业院校建筑工程类及相关工程类专业工程测量课程配套教材,也可供相关工程技术人员参考。

图书在版编目(CIP)数据

建筑工程测量实训/曹志勇主编.—武汉:华中科技大学出版社,2014.5
ISBN 978-7-5680-0127-4

Ⅰ.①建… Ⅱ.①曹… Ⅲ.①建筑测量-高等职业教育-教材 Ⅳ.①TU198

中国版本图书馆 CIP 数据核字(2014)第 100447 号

建筑工程测量实训 曹志勇 主编

策划编辑:张 毅 康 序
责任编辑:狄宝珠
封面设计:李 嫚
责任校对:张会军
责任监印:张正林
出版发行:华中科技大学出版社(中国·武汉)
武昌喻家山 邮编:430074 电话:(027)81321915
录 排:武汉正风天下文化发展有限公司
印 刷:武汉中远印务有限公司
开 本:787mm×1092mm 1/16
印 张:8.5
字 数:212 千字
版 次:2014 年 8 月第 1 版第 1 次印刷
定 价:20.00 元

前言

《建筑工程测量实训》是根据高职院校专业培养要求和教学要求，并结合各行业工程测量的特点及经验编写的。本书可以作为高等职业院校建筑工程类及相关专业工程测量课程配套教材，也可作为相关工程技术人员的参考用书。

全书由建筑工程测量课程实训须知、建筑工程测量课程单项实训、建筑工程测量课程综合实训和附录等几部分构成。单项实训注重学生基本功的训练，综合实训注重培养学生综合实践运用能力及测量工作的组织协调能力。本书力求理论联系实践，内容丰富，语言简练，便于教师组织教学和学生自学，可以全面提高学生的实践能力。

本教材由河北工程技术高等专科学校曹志勇任主编，湖北开放职业学院卢舸、沧州职业技术学院王学军、河北工程技术高等专科学校张丽军、湖北交通职业技术学院杨蓉、河北工程技术高等专科学校陈晨及郝海森担任副主编。其中：曹志勇编写了模块 1 及项目 1 和项目 4，并整理了附录 A 和附录 D；卢舸编写了项目 5 和项目 8；王学军编写了项目 7 和项目 11；张丽军编写了项目 2，并整理了附录 C；杨蓉编写了项目 6 和项目 10；陈晨编写了项目 3，并整理了附录 B；郝海森编写了项目 9。

由于编者水平所限，书中不妥之处在所难免，希望各位读者在使用过程中多提宝贵意见，以便于今后的修正和完善。

编　者

2013 年 12 月

目录

模块 3 建筑工程测量课程综合实训

模块1

建筑工程测量课程实训须知

任务 1 测量实训规定和要求

(1) 在测量实验课之前,必须先复习教材中的有关内容,认真仔细地阅读本书。实验时,应携带本书,以便进行参照,提高实验课的效率。

(2) 实验分小组进行,组长负责组织协调工作,办理所用仪器工具的借领和归还手续,凭组长或组员的学生证借用仪器。

(3) 实验应在规定的时间内进行,不得无故缺席或迟到、早退;实验应在指定的场地进行,不得擅自改变实验地点或离开现场。

(4) 必须遵守"测量仪器工具的借用与使用规则";记录计算时,必须严格遵守"测量记录与计算规则"。

(5) 测站工作实施过程中,应分工明确,团结协作,各司其职,紧张有序。作业现场必须保持安静,充分利用学时,不得说笑聊天。

(6) 观测和记录数据应客观、诚实,养成忠实于实验数据的良好职业道德,绝对禁止为完成任务而凑数、改数及伪造数据。

(7) 严格按照规定的方法操作仪器,通过正规训练,掌握仪器操作的基本技能及基本方法,为日后正确使用测绘仪器及进行测量作业打下良好的基础。

(8) 严格按照本书的要求,认真、独立地完成任务,每次实验均应在规定的教学课时内取得合格的成果,提交工整、规范的实验报告或记录。

(9) 实验中应服从指导教师的指导,上交实验报告后,经指导教师审阅同意方可结束工作,上交仪器工具。

(10) 在实验中,应遵守纪律、法规和法律,爱护实验场地的花草树木和农作物,爱护各种公共设施,损坏公物应按规定予以赔偿。

任务 2 测量仪器工具的借领与归还

对测量仪器工具的正确使用、精心爱护和科学保养,是测量人员必备的素质和应该掌握的技能,也是保证测量成果质量、提高测量工作效率和延长仪器工具使用寿命的必要条件。在仪器工具的借领与使用中,必须严格遵守如下规定。

(1) 在指定地点,以实验小组为单位,办理领取仪器工具的手续。

(2) 借领时应该当场清点检查实物与清单是否相符,仪器工具及其附件是否齐全,背带、提手是否牢固,脚架等是否完好,等等。如有缺损,应当场补领或更换,然后,按仪器室规定办理必要的登记手续。

(3) 搬运前,必须检查仪器箱是否锁好;搬运时,应轻取轻放,避免剧烈震动。

(4) 所借领仪器工具,不得擅自与其他小组的调换或转借。

(5) 实验结束,应及时收集仪器工具,送还借领处,应当场经实验室教师清点仪器工具及其附件数量是否与清单相符,检查验收后,按仪器室规定办理归还手续。如有遗失或损坏,应由责任者和组长分别写出书面报告说明情况,并按有关规定赔偿。

任务3 测量仪器工具的使用规则

1. 仪器的安装

(1) 在三脚架安置稳妥之后,方可打开仪器箱,开箱前应将仪器箱放在平稳处,严禁托在手上或抱在怀里开箱。

(2) 打开仪器箱之后,先要看清并记住仪器在箱中的安放位置,避免以后装箱困难。

(3) 从箱中提取仪器之前,应先松开制动螺旋,再用双手握住支架或基座轻轻取出仪器,放在三脚架上,保持一手握住仪器,一手去拧连接螺旋,最后拧紧连接螺旋,使仪器与三脚架连接牢固。

(4) 装好仪器之后,注意随即关闭仪器箱盖,防止灰尘和湿气进入箱内,严禁坐在仪器箱和其他测量设备上。

2. 仪器的使用

(1) 仪器安置之后,不论是否操作,必须有人看护,防止无关人员碰动或车辆碰撞,严禁任何人在仪器附近打闹。

(2) 仪器镜头上的灰尘,可用仪器箱中的软毛刷或镜头纸轻轻拂去,严禁用手指或手帕等物擦拭,以免损坏镜头上的药膜。观测结束后应及时套好物镜盖。

(3) 转动仪器时,应先松开制动螺旋,严禁在未打开制动螺旋的情况下就强行拧转仪器。使用微动螺旋时,应先旋紧制动螺旋。

(4) 制动螺旋应松紧适度,微动螺旋和脚螺旋应使用中间的一段,不要旋松或旋紧到顶端。操作仪器时,手感要轻而适度,旋转仪器、拧动螺旋、按动按键时,严禁剧烈、快速、过力和粗暴的动作。

(5) 在阳光下观测时,应撑伞防晒,禁止雨天观测;对于电子测量仪器,在任何情况下均应撑伞防护。

(6) 仪器发生故障时,应及时向指导教师报告,不得擅自处理。

3. 仪器的搬迁

(1) 在行走不便的地区迁站或远距离迁站时，必须将仪器装箱之后再搬迁。

(2) 短距离迁站时，可将仪器连同三脚架一起搬迁，先检查并旋紧仪器连接螺旋，松开各制动螺旋使仪器保持初始位置(经纬仪望远镜物镜对向水平度盘中心，水准仪物镜向后)；再收拢三脚架，左手握住仪器基座或支架放在胸前，右手抱住三脚架置于肋下，稳步行走，严禁斜扛仪器及携带仪器跑动。

(3) 搬迁时，观测员负责携带仪器，小组其他人员负责清点仪器附件、工具及其他测站物品，并携带搬迁。长距离搬迁时应将仪器装箱。

4. 仪器的装箱

(1) 每次使用仪器之后，应及时清除仪器上的灰尘及三脚架上的泥土，套上物镜盖，松开制动螺旋。

(2) 仪器拆卸时，应先将仪器脚螺旋调至较低并使其大致同高，然后一手扶仪器，一手松开连接螺旋，双手取下仪器。

(3) 仪器装箱时，应使其就位正确，确认放妥后盖箱上锁。若试关箱盖合不上箱口，说明仪器放置不正确，应重放，切不可强压箱盖，以免损伤仪器。

(4) 清点仪器附件和工具，防止遗失。

5. 测量工具的使用

(1) 钢尺在使用时应防止其扭曲、打折，防止人踩和车轧，避免尺身着水。携尺前进时，应将尺身提起，不得沿地面拖行，以免磨损刻度线。收尺时应将其表面擦净并在尺面上涂油。

(2) 使用皮尺时，应均匀用力拉伸，避免着水、车压。如果皮尺受潮，应及时擦净，晾干后方能卷入尺盒，卷皮尺时切忌扭转卷入。

(3) 各种标尺、花杆的使用，应注意防水、防潮，防止受横向压力，不能磨损尺面刻度线和漆皮；不用时应稳妥安放，切忌靠在树上、墙上，以防摔倒。塔尺的使用，还应注意接口处的正确连接，用后及时缩尺。禁止在有电线地区及可能发生雷电的天气下使用金属塔尺。各种标尺、花杆均不得做棍棒使用。

(4) 测图板的使用，应注意保护板面，不得乱写乱扎，不得受潮及施以重压。

(5) 小件工具如垂球、测钎、尺垫等，应用完即收，防止遗失。

任务 4 测量记录与计算规则

测量手簿是外业观测成果的记录和内业数据处理的依据。在测量手簿上记录或计算时，必须严肃认真，一丝不苟，严格遵守下列规则。

(1) 在测量手簿上书写之前，应先熟悉表上各项内容及填写、计算方法；应准备好 2H 或 3H

铅笔,并按标准将铅笔削好备用。

(2) 记录观测数据之前,应将表头的仪器型号、编号、日期、天气、测站、观测者及记录者姓名等无一遗漏地填写齐全。

(3) 观测者读数后,记录者应立即复诵回报以资检核,并随即在测量手簿上的相应栏内填写,不得另纸记录事后转抄。

(4) 记录时要求字体端正清晰,数位对齐,数字齐全。字体的高度一般占格高的1/3～1/2,字脚靠近底线,表示精度或占位的“0”(例如水准尺读数1.500和度盘读数93°04′00″中的“0”)均不能省略。

(5) 观测数据的尾数不得更改,读错、记错后必须重测、重记。例如:角度测量时,秒级数字出错,则应重测该测回;水准测量时,毫米级数字出错,应重测该测站;钢尺量距时,毫米级数字出错,应重测该尺段。

(6) 观测数据的前几位若出错,应用横格尺比齐,自左下至右上用细线划去错误的数字(保持原数字清晰可辨),并在原数字上方写出正确数字。不得涂擦已记录的数据,不得描改已写好的数据,禁止“连环改”。例如:水准测量中的黑红面读数,角度测量中的盘左、盘右读数,量距中的往返测读数等,均不能同时更改。

(7) 记录数据修改后或观测成果废去(报废成果应用横格尺比齐,按整个记录表格自左下至右上用细线划去)后,应在备注栏内写明原因(如测错、记错或超限等)。

(8) 随着观测读数的计入,必须即时完成相应的计算和检核;一旦测站观测结束,就要当场完成测站的计算和检核。不得只记不算,测站测完后再算;禁止只记不算,事后补算。

(9) 测量计算数据的舍入,按下列规则进行:

① 若拟舍去的第一位数字是0～4中的数,则被保留的末位数字不变;

② 若拟舍去的第一位数字是6～9中的数,则被保留的末位数加1;

③ 若拟舍去的第一位数字是5,其右边的数字并非全部是0,则被保留的末位数字加1;其右边的数字皆为0或没有,则被保留的末位数是奇数时就加1,是偶数时就不变(奇进偶舍)。

(10) 应该保持测量手簿的整洁,严禁在测量手簿上书写无关的内容。记录手簿不应缺页,更不得丢失。

任务5 测量综合实训的注意事项

(1) 测量综合实训是在课堂教学结束之后,在实训场地集中进行综合性训练的实践性教学环节。学生在此教学环节中,应养成独立工作和解决实际问题的能力,严肃认真、实事求是、一丝不苟的工作作风和吃苦耐劳、爱护仪器工具、团结协作的职业道德。

(2) 在进行测量综合实训之前,必须复习教材中的相关内容,并认真仔细阅读本书此部分的内容。实训时应携带本书,以便进行参考,提高实训效率。

(3) 实训分实习小组进行,组长配合实习指导教师负责全面的实训组织及协调工作,办理实训期间所用仪器工具的借领、使用、保护及归还工作。

(4) 实训的各项内容应在规定的时间内进行并完成，不得推迟任务完成时间。学生在实训期间应按正常作息时间进行所分配的实习工作，不得无故迟到、早退，严格遵守请销假制度。

(5) 小组成员应分工明确、团结协作，组长协调好各成员的任务，做到紧张有序。

(6) 实训外业观测和记录，应客观、真实，符合相关项目应满足的精度要求。绝对禁止为完成任务而伪造数据。

(7) 在实训期间，应遵守纪律和法律法规，爱护实习基地的花草树木和各种公共设施。

(8) 实训内容实施过程中，应严格遵守测量实验须知中的相关规定。

模块2

建筑工程测量课程单项实训

项目 1

水准测量

任务 1 水准仪的认识与使用

一、实训目的

(1) 认识水准仪的基本构造，了解其主要构件的名称和作用。

(2) 练习使用水准仪，掌握水准仪的安置、瞄准、读数、高差计算及扶尺工作。

二、实训学时与组织

(1) 学时：室外实训 2 学时，进行水准仪的认识和操作练习。

(2) 组织：以小组为单位，每组 3～4 人，实习过程中实行人员轮换，每人均需完成操作、瞄准、读数、记录和扶尺等工作。

三、实训仪器与设备

每组 1 台 DS_3 水准仪(附三脚架)、2 根水准尺、1 把测伞、铅笔、计算器、记录表格等。

四、实训任务与方法

1. 认识 DS_3 水准仪

观察 DS_3 水准仪的外形及各部件，熟悉各个部件的名称和作用，如图 1-1 所示。

2. 水准仪安置

(1) 水准仪所安置的地点称为测站。在测站上松开三脚架伸缩螺旋，按需要调整架腿长度，

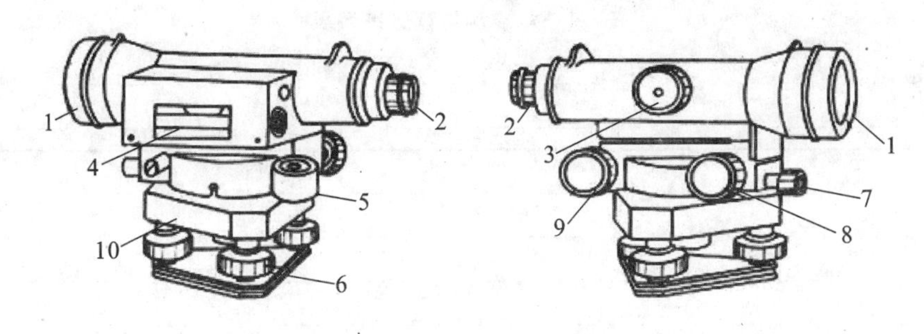

图 1-1　水准仪的构造

1—物镜；2—目镜；3—调焦螺旋；4—管水准器；5—圆水准器；6—脚螺旋；
7—制动螺旋；8—微动螺旋；9—微倾螺旋；10—基座

将螺旋拧紧。安放三脚架时，应使三脚架架头大致水平，把三脚架的脚尖插入土中。

(2) 把水准仪从箱中取出，放到三脚架架头上，一手握住仪器，一手将三脚架架头的连接螺旋旋入仪器基座内并拧紧，用力要均匀，连接牢固后方可松手。

3. 仪器的粗平

(1) 操作者双手各执一脚螺旋(第三只脚螺旋居于操作者正前方)。双手同时内向(或外向)旋转脚螺旋。此时圆水准器中的气泡在左右方向移动，移动方向与左手拇指移动脚螺旋的方向一致。此操作至气泡移至两脚螺旋连线方向的中点为止。

(2) 用左手旋转第三只脚螺旋，气泡移动的方向与左手拇指的运动方向一致。

(3) 若气泡仍有偏离，应重复上面的操作直至气泡居中为止。

4. 瞄准

(1) 将望远镜对准明亮背景，进行目镜调焦，使十字丝最清晰。

(2) 松开水平制动螺旋，转动望远镜，通过望远镜上的粗瞄器初步瞄准水准尺，旋紧制动螺旋。

(3) 进行物镜调焦，使水准尺分划十分清晰。

(4) 转动微动螺旋，使水准尺影像的一侧靠近十字丝竖丝(便于检查水准尺是否竖直)；眼睛略作上下移动，检查十字丝与水准尺分划像之间是否有相对移动(视差)，如果存在视差，则重新进行目镜调焦与物镜调焦，以消除视差。

5. 精平

转动微倾螺旋，从目镜旁的气泡观察镜中，可以看到气泡两个半边的像，当两端的像符合时，水准管气泡居中，从而使水准仪的视线水平，这是水准测量中关键的一步。

6. 读数

尺上数字以米为单位，最小刻度一般为 1 cm，估读到毫米。以十字丝横丝读数时，读取横丝切准的分划读数，读数取四位，米位、分米位、厘米位按读尺上注记，毫米位进行估读。

本实训任务要求练习三丝读数，做到正确且熟练，读数记入表 1-1。

表 1-1　水准测量读数练习表

日期:____________　　天气:____________　　观测者:____________

仪器:____________　　小组:____________　　记录者:____________

测　站	点　号	水准尺读数		
		上丝	中丝	下丝

五、注意事项

(1) 仪器操作过程中,动作要轻而平稳,不可用力过猛、过快,以免对仪器造成伤害。

(2) 视差消除过程中,目镜调焦看十字丝和物镜调焦看物像时,不要紧张,眼睛要始终放松,使眼睛本身不做调焦。为做到这一点,除身体放松外,还要在观测时,另一只眼睛也要睁开放松。检查有无视差时,眼睛上、下,左、右移动的距离不宜大于 0.5 mm,否则会因观察物象不清楚而引起错觉。

(3) 从水准尺上读数必须为四位数:米、分米、厘米、毫米。不到一米的读数,用 0 补齐,一般以米或毫米作为单位。

(4) 记录和计算过程表格中的数据不可用橡皮擦除。

六、实训考核

(1) 教师给出一个待测点和已知水准点。

(2) 已知水准点和待测点之间安置水准仪(注意前、后视距离大致相等),在前、后视点上竖立水准尺,按一个测站上的操作程序进行测量。读数记入表格 1-1 中。任务结束后,及时上交记录成果表 1-1。

(3) 根据学生在仪器操作过程中的熟练程度和所用时间、读数的正确性及精度综合评定成绩。

七、实训问题与思考

(1) 水准仪的望远镜由哪几部分组成?各有什么作用?

(2) 圆水准器和水准管的作用有何不同?

(3) 什么是水准轴、视准轴?

(4) 为什么调平水准管轴后,读数才是正确的?

(5) 什么是视差?产生的原因是什么?如何检查其是否存在?怎样消除?

任务 2 等外闭合水准路线测量

一、实训目的

(1) 进一步练习水准仪的使用方法并达到熟练程度,练习等外闭合水准路线测量。

(2) 掌握测站与转点的正确选择方法及水准尺的扶尺方法。

(3) 掌握普通水准测量中每个测站的观测、记录及计算的方法。

二、实训学时与组织

(1) 学时:室外实训 2 学时。

(2) 组织:以小组为单位,每小组 4 人,其中 1 人观测,1 人记录计算,2 人扶尺。4 人轮换操作,其中每人完成一个等外闭合水准路线的观测。

三、实训仪器与设备

每组 1 台 DS_3 水准仪(附三脚架)、单面水准尺 2 根、尺垫 2 个、测伞 1 把、铅笔、计算器、记录表格等。

四、实训任务与方法

(1) 从实训场地的某一水准点出发,选定一条闭合水准路线,路线长度以设置 4~8 个测站、视线长度 20~30 m 为宜。立尺点可以选择有凸出点的固定地物或安放尺垫。

(2) 在起始点与第一个立尺点中间(目估使前后视距大致相等)安置水准仪,观测者按下列顺序观测。

① 后视立于起始点上的水准尺,瞄准、精平、读数。

② 前视立于第一点上的水准尺,瞄准、精平、读数。

(3) 观测者的每次读数,记录者应当场记入表 1-2 中;后视、前视读完后,应当场计算高差,记于表 1-2 相应栏内,并做测站检核。

表 1-2　普通水准测量记录

日期:________　　天气:________　　观测者:________

仪器:________　　小组:________　　记录者:________

测　站	测　点	水准尺读数		高差 h	高程 H	备　注
		后视 a	前视 b			
Ⅰ	A	2.173		+0.747	43.598	A 点高程已知
	Z_1		1.426			
Ⅱ	Z_1	1.324		+0.317		
	Z_2		1.007			
Ⅲ	Z_2	1.278		−0.314		
	B		1.592		44.348	
Σ		4.775	4.025	+0.750		
计算检核	$\sum a-\sum b=+0.750$　$\sum h=+0.750$　$H_B-H_A=0.750$					

（4）依次设站，用相同的方法进行观测，直至回到起始的水准点。

（5）全路线施测完毕后做路线检核，计算高差之和$\sum h_{测}$，闭合路线的闭合差 $f_h=\sum h_{测}$。判断 f_h 是否小于 $f_{h容}=12\sqrt{n}$（n 为路线总的测站数）或$\pm 40\sqrt{L}$（L 为闭合路线的长度，单位为km）。若不满足要求，则需要重测。

（6）计算前视读数之和$\sum a_i$ 与后视读数之和$\sum b_i$ 的差值，即$\sum a_i-\sum b_i$，看其是否等于$\sum h_{测}$。

五、实训注意事项

（1）当水准仪瞄准、读数时，水准尺必须立直，尺子的左右倾斜，观测者可以发觉，而尺子的前后俯仰则不易发觉，立尺者应注意这一点。

（2）测站上核对无误后，方可搬站；仪器未搬迁时，前后视尺和尺垫均不能移动；仪器搬站后，后视尺员方能携尺和尺垫前进，前视立尺点的尺垫仍不能移动，只需将尺面转向，由前视变为后视。起始点上不能垫尺垫。

（3）搬站时，观测者应将仪器安置于适当位置（目估选定新的前视立尺点点位，使前、后视距大致相等）。

（4）外业数据应当场记入表1-3中，并完成计算，判断数据是否符合要求，以便确定是否需要重测。

表1-3　普通水准测量记录

日期：________　　天气：________　　观测者：________

仪器：________　　小组：________　　记录者：________

测　站	测　点	水准尺读数		高差 h	高程 H	备　注
		后 视	前 视			
合计		$\sum_{后}=$	$\sum_{前}=$	$\sum h=$		
$\sum_{后}-\sum_{前}=$						

六、实训考核

(1) 教师给出若干个待测点和一个已知水准点。

(2) 由已知水准点出发在每相邻两点竖立水准尺，在两点之间安置水准仪(注意前、后视距大致相等)，按普通水准测量的操作程序进行测量，完成闭合水准路线的测量。读数记入表1-3中。实训任务结束后，及时上交普通水准测量记录表。

(3) 根据学生水准测量过程的熟练程度和所用时间、记录计算的质量、水准测量数据的精度综合评定成绩。

七、实训问题与思考

(1) 什么是测站？什么是转点？如何正确使用尺垫？

(2) 水准测量中前、后视距相等可消除什么误差？

(3) 如果一个闭合路线测完后，计算所得闭合差超限，应该怎么办？

任务3 四等水准路线测量(双面尺法)

一、实训目的

(1) 进一步熟练掌握水准仪的操作方法。

(2) 掌握用双面尺法进行四等水准路线测量的观测、记录与计算方法。

(3) 了解四等水准路线测量的主要技术指标，掌握测站及线路的检核方法。

二、实训学时与组织

(1) 学时：室外实训 2 学时。

(2) 组织：以小组为单位，每小组 4 人，其中 1 人观测，1 人记录，2 人扶尺。4 人轮换操作，每人完成一个四等闭合水准路线的观测。

三、实训仪器与设备

每组1台DS_3水准仪(附三脚架)、双面水准尺1对、尺垫2个、测伞1把、铅笔、计算器等。

四、实训任务与方法

(1) 从实训场地某一水准点出发,选定一条闭合水准路线,路线长度以设置4～8个测站为宜。

(2) 测站的操作顺序(后—前—前—后)具体如下。

① 粗平仪器,将水准仪圆气泡居中,使竖轴处于竖直位置。

② 将望远镜对准后视标尺黑面,按视距丝(上丝、下丝)读定标尺读数,即表1-4中的(1)、(2),用中丝精确读定标尺读数,即表1-4中的(3)。

③ 旋转望远镜,对准前视标尺黑面,用微倾螺旋将符合水准气泡精确居中,读得表1-4中的上、下、中丝读数,即表1-4中的(4)、(5)、(6)。

④ 指挥前视标尺反转,用微倾螺旋使符合水准气泡精确居中,用中丝精确读前视标尺红面读数,即表1-4中的(7)。

⑤ 旋转望远镜,对准后视尺,用微倾螺旋使符合水准气泡精确居中,用中丝精确读后视标尺红面读数,即表1-4中的(8)。

(3) 测站的记录和计算。

① 记录。

上述操作过程中的读数,即表1-4中的(1)～(8)按表1-4表头标明次序,以mm为单位依次填入相应栏内。

② 计算。

高差部分:

$$(9)=(3)+K-(8)$$

$$(10)=(6)+K-(7)$$

$$(16)=(3)-(6)$$

$$(17)=(8)-(7)$$

$$(11)=(9)-(10)=(16)\pm100-(17)\quad 检核$$

上式及下式中的数据对应表1-4中的相应读数。由于两根尺子红、黑面零点差不同(分别为4687和4787),所以表1-4中的(16)与(17)相差±100。

视距部分:

$$(18)=\{(16)+[(17)\pm100]\}/2$$

$$(12)=[(1)-(2)]\times100$$

$$(13)=[(4)-(5)]\times100$$

$$(14)=(12)-(13)$$

$$(15)=(14)+前站(15)$$

表 1-4　四等水准测量观测手簿

日期:________________　天气:________________　观测者:________________

仪器:________________　小组:________________　记录者:________________

测站编号	后尺 下丝	前尺 下丝	方向及尺号	标尺读数		K＋黑减红	高差中数	备注
	后尺 上丝	前尺 上丝		黑面	红面			
	后距	前距						
	视距差 d	$\sum d$						
	(1)	(4)	后	(3)	(8)	(9)		
	(2)	(5)	前	(6)	(7)	(10)		
	(12)	(13)	后－前	(16)	(17)	(11)	(18)	
	(14)	(15)						
1	1571	0739	后 5	1384	6171	0		
	1197	0363	前 6	0551	5239	－1		
	374	376	后－前	＋0833	＋0932	＋1	＋0832.5	
	－0.2	－0.2						
2	2121	2196	后 6	1934	6621	0		
	1747	1821	前 5	2008	6796	－1		
	374	375	后－前	－0074	－0175	＋1	－0074.5	
	－0.1	－0.3						
3	1914	2055	后 5	1726	6513	0		
	1539	1678	前 6	1866	6554	－1		
	375	377	后－前	－0140	－0041	＋1	－0140.5	
	－0.2	－0.5						
4	1965	2141	后 6	1832	6519	0		
	1700	1874	前 5	2007	6793	＋1		
	265	267	后－前	－0175	－0274	－1	－0174.5	
	－0.2	－0.7						

(4) 测站的检核。

读数完毕后随即进行计算，并按表 1-5 对计算进行检核，如超限，应立即进行重测。

(5) 依次设站，用同样的方法进行下一站的观测。

(6) 路线施测完毕后进行计算及检核，具体如下(技术规定见表 1-5)。

① 计算路线总长(即各站前、后视距之和)。

② 计算各站前、后视距差之和(应与最后一站累计视距差相等)。

③ 计算 $\sum_{后}$、$\sum_{前}$、$\sum h$ 。

④ 检核 AB 间路线往返测高差不符值应小于$\pm 20\sqrt{L}$ 或$\pm 6\sqrt{n}$ 。L 为路线 AB 的长度，以千米为单位。n 为 AB 间所用的测站数。

表 1-5 四等水准测量的技术规定

视线高度/m	视线长度/m	前、后视距差/m	前、后视距累积差/m	黑、红面读数差/mm	黑、红面高差之差/mm
三丝能读数	≤100	≤3	≤10	≤3	≤5

五、注意事项

(1) 观测时，须用测伞遮蔽阳光。

(2) 观测前应使符合水准气泡两端影像精确对齐，随着温度变化，应时刻注意影像的对齐情况。

(3) 连续各测站上安置水准仪的三脚架时，应尽量使其中两脚与水准路线的方向平行，第三脚轮换置于路线方向的左侧与右侧。

(4) 同一测站观测时，一般不得两次调焦。

(5) 测段上往测与返测，其测站数均应为偶数，由往测转向返测时两标尺应互换位置，并重新整置仪器。

六、实训考核

(1) 教师给出若干个待测点和一个已知水准点。

(2) 由已知水准点出发在每相邻两点竖立水准尺(双面尺)，在两点之间安置水准仪，按四等水准测量的操作程序进行测量，完成闭合水准路线的测量。读数记入表 1-6 中。实训任务结束后，将四等水准测量观测手簿及时上交。

(3) 根据学生测量过程的熟练程度和所用时间、记录计算的质量、数据的精度综合评定成绩。

七、实训问题与思考

(1) 四等水准测量与普通水准测量有何异同?

(2) 思考本任务注意事项中的规定分别是为了减弱或消除什么误差对高差的影响?

表 1-6　四等水准测量观测手簿

日期：＿＿＿＿＿＿＿＿　天气：＿＿＿＿＿＿＿＿　观测者：＿＿＿＿＿＿＿＿

仪器：＿＿＿＿＿＿＿＿　小组：＿＿＿＿＿＿＿＿　记录者：＿＿＿＿＿＿＿＿

测站编号	后尺 下丝	前尺 下丝	方向及尺号	标尺读数		K＋黑减红	高差中数	备注
	上丝	上丝		黑面	红面			
	后距	前距						
	视距差 d	$\sum d$						
			后					
			前					
			后－前					
			后					
			前					
			后－前					
			后					
			前					
			后－前					
			后					
			前					
			后－前					
			后					
			前					
			后－前					
			后					
			前					
			后－前					
			后					
			前					
			后－前					
			后					
			前					
			后－前					

任务 4 水准仪的检验与校正

一、实训目的

(1) 了解水准仪各主要轴线及其应满足的条件。

(2) 练习检验和校正微倾式水准仪，通过本实训任务掌握检验和校正水准仪的方法。

二、实训学时与组织

(1) 学时：室外实训 2 学时。

(2) 组织：以小组为单位，每组 4 人，完成水准仪的各项检验和校正工作。实训过程中注意观测、记录、扶尺，轮流操作。

三、实训仪器与设备

每组 DS_3 水准仪 1 台(附三脚架)、水准尺 2 根、尺垫 2 个、小螺丝刀 1 把、校正针 1 根、皮尺 1 把、铅笔、计算器、记录纸等。

四、实训任务与方法

1. 微倾式水准仪的检验与校正

1) 圆水准器的检验与校正

(1) 检验。

转动脚螺旋使圆水准器气泡居中，旋转 180°后，若气泡仍居中，说明圆水准器与仪器纵轴平行，否则需要校正。

(2) 校正。

先稍微松动圆水准器底部中央的固定螺丝，再拨动圆水准器的校正螺丝，使气泡返回偏移量的一半。然后转动脚螺旋使气泡居中。再旋转 180°，若气泡偏离中央则反复校正几次，直至水准仪无论转至任何方向圆水准器的气泡都不偏离中央为止，最后旋紧固定螺丝。

2）十字丝横丝的检验与校正

（1）检验。

① 方法一　用十字丝横丝一端对准墙上一固定点标志，转动水平微动螺旋，观察十字丝的横丝是否始终对准此标志点。若对准，说明十字丝横丝位于垂直仪器纵轴的平面内，如图 1-2(a)所示。否则如图 1-2(b)所示，需要改正。

② 方法二　可选择一避风的地方或室内安置仪器，在距仪器 10～20 m 处悬挂一垂球线，当垂球线稳定后，严格整平仪器，用十字丝竖丝瞄准垂球线，若十字丝竖丝与垂线重合，则说明十字丝横丝满足要求，如图 1-2(c)所示。若不重合，如图 1-2(d)所示，需要校正。

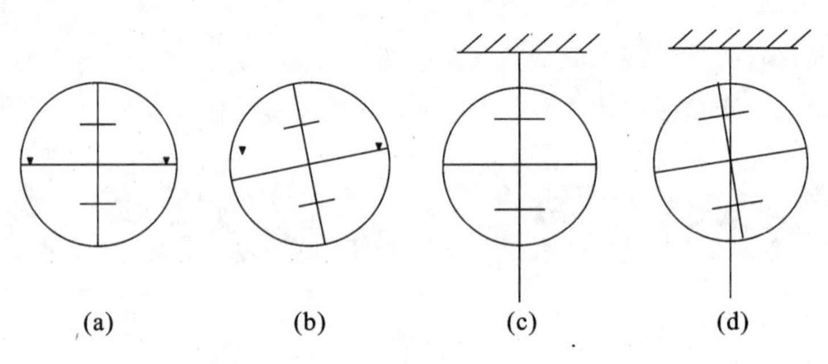

图 1-2　十字丝的检验和校正

（2）校正。

旋下十字丝分划板护罩，用小螺丝刀松开十字丝外环固定螺丝，微微转动外环，使十字丝横丝另一端距标志点为偏移距离的一半，或者使用方法二使竖丝与垂球线重合。

检验与校正反复进行，直至满足要求后旋紧十字丝外环固定螺丝。最后旋上十字丝分划板护罩。

3）水准管轴与视准轴平行的检验与校正

（1）检验。

在平坦地面上选定相距 40～60 m 的 A、B 两点，水准仪首先置于离 A、B 等距的 C 点，测得 A、B 两点的高差，如图 1-3(a)所示，重复测两到三次，当所得各高差之差不大于 3 mm 时取其平均值 h_{I} 。

若视准轴与水准管轴不平行而存在 i 角误差（两轴的夹角在竖直面的投影），由于仪器至 A、B 两点的距离相等，因此由于视准轴倾斜，而在前、后视读数所产生的误差 δ 也相等，因此所得 h_{I} 是 A、B 两点的正确高差。

然后把水准仪移到 AB 延长线方向上靠近 B 点的 D 点，再次观测 A、B 两点的尺上读数，如图 1-3(b)所示。由于仪器距 B 点很近，S' 可忽略，两轴不平行造成在 B 点尺上的读数 b_2 的误差也可忽略不计。由图 1-3(b)可知，此时 A 点尺上的读数为 a_2，而正确读数应为

$$a'_2 = b_2 + h_{\mathrm{I}}$$

此时可计算出 i 角值为

$$i = \frac{a_2 - a'_2}{S}\rho'' = \frac{a_2 - b_2 - h_{\mathrm{I}}}{S}\rho''$$

S 为 A、B 两点间的距离，对 DS_3 水准仪，当后、前视距差未作具体限制时，一般规定在100 m的水准尺上读数误差不得超过5 mm，即 a_2 与 a_2' 的差值超过5 mm时应进行校正。当后、前视距差给以较严格的限制时，一般规定 i 角不得大于20″，否则应进行校正。

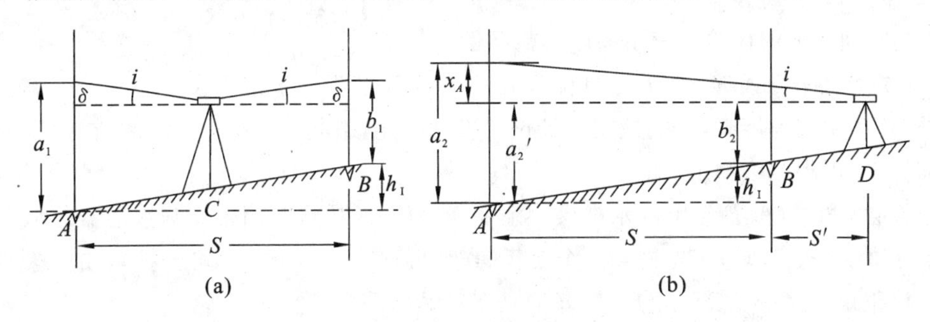

图1-3 水准管轴与视准轴平行的检验

(2) 校正。

为了使水准管轴和视准轴平行，转动微倾螺旋使远点 A 的尺上读数 a_2 改变到正确读数 a_2'。此时视准轴由倾斜位置改变到水平位置，但水准管也因随之变动而使气泡位置不再符合要求。如图1-4所示。

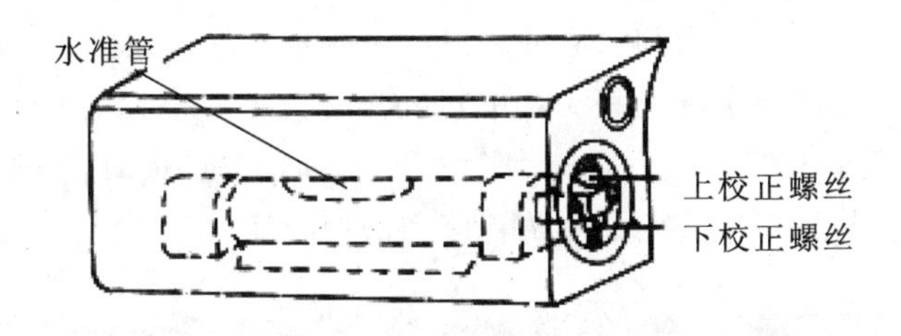

图1-4 水准管轴与视准轴平行的校正

用校正针拨动水准管一端的校正螺丝使气泡位置符合要求，则水准管轴也处于水平位置从而使水准管轴平行于视准轴。水准管的校正螺丝，校正时先松动左、右两校正螺丝，然后拨上、下两校正螺丝使气泡位置符合要求。拨动上、下校正螺丝时，应先松一个，然后再紧另一个，逐渐改正，当最后校正完毕时，所有校正螺丝都应适度旋紧。

检验校正也需要反复进行，直到满足要求为止。

2. 自动安平水准仪的检验与校正

(1) 自动安平水准仪的精平是利用自动补偿装置自行完成的，圆水准器轴平行于竖轴的检验和十字丝横丝的检验与微倾式水准仪的检验方法是一样的。

(2) 自动安平水准仪的补偿装置的检验过程如下。

① 安置好仪器，在其中一个脚螺旋方向(垂直于另两个脚螺旋)放置水准尺，水准尺要稳定，调节圆水准气泡居中，然后在水准尺上读数。

② 稍稍旋转视线方向上的脚螺旋，在旋转脚螺旋过程中，圆气泡不要偏出圆圈，再看水准尺读数与刚才读数有没有变化，如果没有变化则说明补偿器正常，如果读数有明显变化，说明补偿器不能正常工作，则需要送专业人员进行修理。

五、实训注意事项

(1) 此实训任务的检验与校正顺序不能颠倒。

(2) 测定水准仪 i 角时，为了尽量保证在整个检验过程中 i 角不发生变化，最好在阴天测定。另外，转动调焦螺旋时，可能使视准轴位置发生变化，引起 i 角变化。因此，在调焦透镜运行正确的前提下，可用此法测定 i 角。

(3) 测定 i 角时，A、B 点上的水准尺一定要竖直放置，尽量选用带有圆水准器的水准尺。

(4) 转动校正螺丝时，应先松开一个校正螺丝，再拧紧另一个。不可先拧紧校正螺丝或同时松开两个校正螺丝。校正完毕，校正螺丝应处于稍紧状态。

(5) 自动安平水准仪的 i 角校正，应送有关修理部门让专业人员进行操作。

(6) 每个实训小组应在规定学时内完成三项检验。

六、实训考核

(1) 在教师指定的实训场地内和相应的测点上进行水准仪的检验与校正。

(2) 将水准仪安置在两指定场地和测点中间(前、后视距严格相等)进行水准仪的检验与校正各项目的实训。读数记入表 1-7、表 1-8、表 1-9 中，实训任务结束时，现场上交各表格。

(3) 根据学生检验与校正过程中的熟练程度和所用时间、记录计算的质量综合评定成绩。

七、实训问题与思考

(1) 为什么必须按照实训步骤规定的顺序进行检验与校正，而不能颠倒？

(2) 本任务检验项目校正后的残差在水准测量中对高差的影响，观测中可采取什么措施来减弱？

(3) 水准仪使用过程中，如何使视准轴严格水平？

表 1-7　圆水准器轴与竖轴平行的检验与校正

日期：________　天气：________　观测者：________

仪器：________　小组：________　记录者：________

仪器整平次数	望远镜旋转 180°后气泡偏差值/mm
1	
2	
3	
4	

表 1-8　十字丝横丝与竖轴垂直的检验与校正

日期：＿＿＿＿＿＿　天气：＿＿＿＿＿＿　观测者：＿＿＿＿＿＿
仪器：＿＿＿＿＿＿　小组：＿＿＿＿＿＿　记录者：＿＿＿＿＿＿

检验次数	十字丝偏离值/mm
1	
2	
3	
4	

表 1-9　水准管轴与视准轴平行的检验与校正

日期：＿＿＿＿＿＿　天气：＿＿＿＿＿＿　观测者：＿＿＿＿＿＿
仪器：＿＿＿＿＿＿　小组：＿＿＿＿＿＿　记录者：＿＿＿＿＿＿

仪器位置	读数与计算	第一次	第二次
A、B 中间（Ⅰ）	后视 A 点尺上中丝读数 a_1		
	前视 B 点尺上中丝读数 b_1		
	AB 高差 $h_Ⅰ = a_1 - b_1$		
B 点附近（Ⅱ）	后视 A 点尺上中丝读数 a_2		
	前视 B 点尺上中丝读数 b_2		
	A 点尺上正确读数 $a'_2 = b_2 + h_Ⅰ$		
	视准轴偏差值 $\Delta a = a_2 - a'_2$		
$i = \frac{a_2 - a'_2}{S}\rho'' = \frac{a_2 - b_2 - h_Ⅰ}{S}\rho''$			

任务 5　电子水准仪的认识与使用

一、实训目的

(1) 认识电子水准仪的结构，并了解其功能。

(2) 练习使用电子水准仪，掌握其操作方法和操作过程。

二、实训学时与组织

(1) 学时:室外实训 2 学时。

(2) 组织:以小组为单位,每组 3～4 人,实训过程轮换操作,每人均需完成水准仪的操作、读数、记录、计算和扶尺等工作。

三、实训仪器与设备

电子水准仪 1 台、三脚架、铟钢水准尺 2 根、尺垫 1 对、铅笔、计算器、记录手簿等。

四、实训任务与方法

1. 认识电子水准仪

电子水准仪是在自动安平水准仪的基础上发展起来的。图 1-5 所示为天宝 DINI03 电子水准仪。其基本功能有单点测量、水准线路测量、中间点测量、放样测量、断续测量及线路平差计算等。

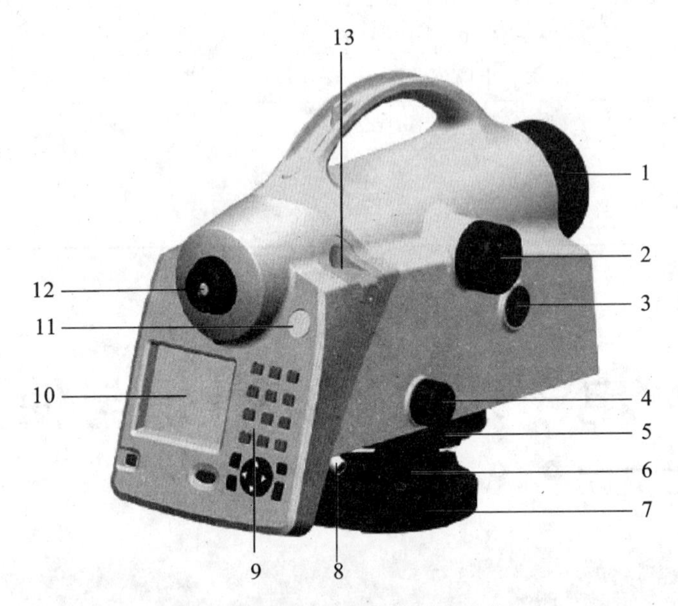

图 1-5　天宝 DINI03 电子水准仪

1—望远镜遮阳板;2—望远镜调焦螺旋;3—触发键;4—水平微调;5—刻度盘;
6—脚螺旋;7—底座;8—电源/通讯口;9—键盘;10—显示屏;11—圆水准气泡;
12—目镜和十字丝;13—可动圆水准气泡调节器

2. 电子水准仪的使用

(1) 电子水准仪安置的粗平、瞄准与普通水准仪安置相同，读数采用条码尺进行自动读取，并显示在显示屏上。

(2) 用方向键进行导航，显示要选择的项目(主菜单)，如图 1-6 所示。

(3) 用配置菜单、回车键或相应数字键选择相关项目，在配置菜单中可进行菜单配置，选取相应菜单项目后输入相关信息，如图 1-7 所示。

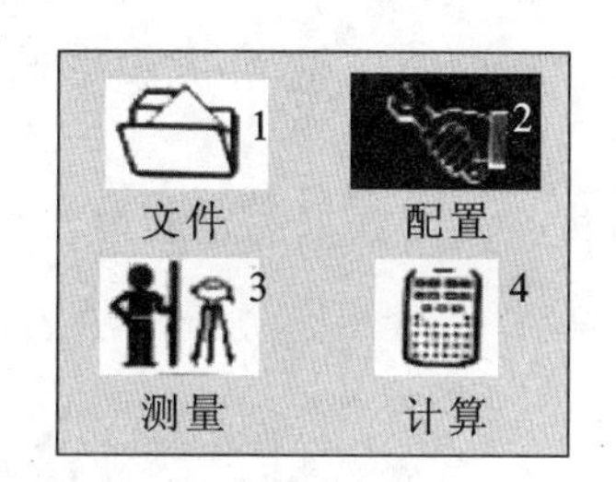

图 1-6　项目(主菜单)

图 1-7　配置菜单

(4) 通过主菜单，选择测量项目，显示如图 1-8 所示。可进行单点测量、水准线路测量、中间点测量、放样、继续测量等。

按 Trimble 功能键进入图 1-9 所示菜单，可以进行其他测量或设置。选择相应的菜单，根据相关提示进行设置或输入。

测量菜单　123　电池

1.单点测量

2.水准线路测量

3.中间点测量

4.放样

5.继续测量

图 1-8　测量菜单

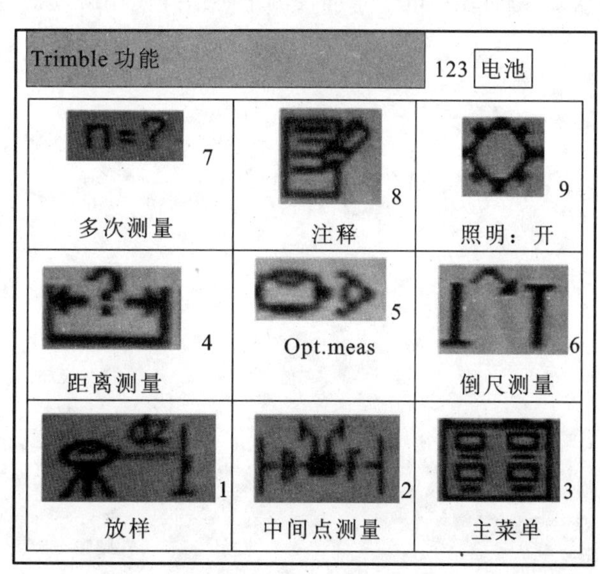

图 1-9　Trimble 功能菜单

五、实训注意事项

（1）电子水准仪应使用专用电池及其充电器。

（2）为提高测量精度，电子水准仪应尽量使用配套三脚架。在测量过程中建议使用触发键进行测量，此按键可以减少由于按键造成仪器振动所带来的误差。

（3）仪器需要一定的时间进行温度修正，根据经验，为达到高精度测量要求，温度修正应该在规定的时间内调节到新的温度，避免强光照射仪器，尤其是中午需特别注意强光的照射。

六、实训考核

（1）在实训场地教师给出一个已知水准点，进行电子水准仪的操作，并完成单点测量、水准路线测量及其他相关测量的设置和测量过程。

（2）根据学生在仪器操作过程中的熟练程度和所用时间、测量数据的正确性及精度综合评定成绩。

七、实训问题与思考

（1）电子水准仪与自动安平水准仪相比有哪些优势？

（2）电子水准仪在作为普通水准仪使用时，为什么精度并不高？

（3）电子水准仪使用时为什么要进行温度修正？

（4）为何在用电子水准仪测量时最好使用触发键进行测量？

项目 2 角度测量

任务 1 光学经纬仪的认识与使用

一、实训目的

（1）认识 DJ6 级光学经纬仪的基本构造，了解其主要构件的名称和作用。

（2）练习使用经纬仪，掌握经纬仪的对中、整平、瞄准目标和读数方法的基本操作要领。

二、实训学时与组织

（1）学时：室外实训 2 学时。

（2）组织：以小组为单位，每组 3～4 人，实训过程轮换操作，每人均需完成经纬仪的安置、瞄准、读数和记录等工作。

三、实训仪器与设备

每组 1 台 DJ6 级光学经纬仪、三脚架 1 个、测钎若干、测伞 1 把、铅笔、记录手簿、计算器等。

四、实训任务与方法

1. 认识 DJ6 级光学经纬仪

观察 DJ6 级光学经纬仪的外形及各个部件，熟悉各个部件的名称和作用。DJ6 级光学经纬仪的构造如图 2-1 所示。

2. 经纬仪使用

经纬仪的基本操作步骤：对中、整平、瞄准、读数。

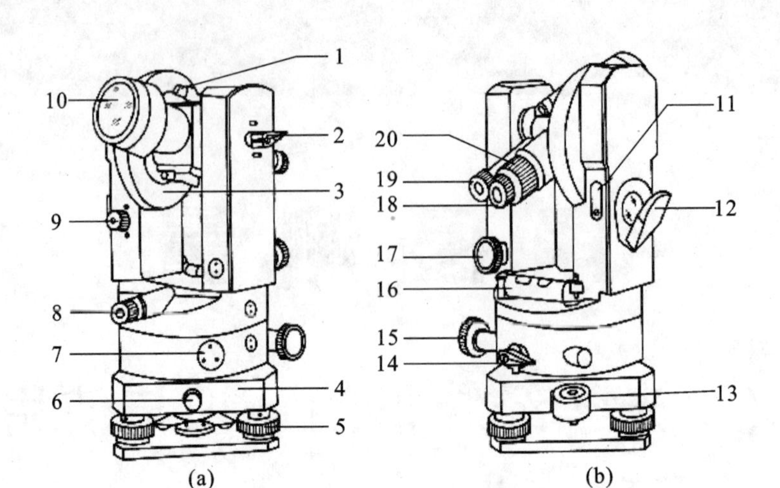

图 2-1 DJ6 **级光学经纬仪的构造**

1—粗瞄器;2—望远镜制动螺旋;3—竖直度盘;4—基座;5—脚螺旋;6—轴座固定螺旋;
7—度盘变换手轮;8—光学对中器;9—竖盘自动归零螺旋;10—物镜;11—指标差调位盖板;
12—度盘照明反光镜;13—圆水准器;14—水平制动螺旋;15—水平微动螺旋;16—照准部水准管;
17—望远镜微动螺旋;18—目镜;19—读数显微镜;20—物镜调焦螺旋

1)经纬仪安置

首先将三脚架打开,抽出架腿,并旋紧架腿的固定螺旋,然后将三个架腿尽量安在以测站点为中心的等边三角形的连线上。把经纬仪从箱中取出,放到三脚架架头上,一手握住仪器,一手将三脚架架头的连接螺旋旋入仪器基座内并拧紧,用力要均匀,连接牢固后方可松手。

(1)粗略对中:对中的目的是使仪器的中心与测站点的标志中心处于同一铅垂线上。首先旋转光学对中器的目镜调焦螺旋使目镜端的十字光圈清楚,再伸缩光学对中器的长短使测站点清楚,然后使三脚架一个架腿落在地上,两手移动另外两个架腿,同时用眼睛观察光学对中器目镜端,使其十字光圈的中心与测站中心大致对准。

(2)粗略整平:使圆水准气泡居中。根据圆水准气泡的偏移方向,伸缩相关架腿。应先稍微松开架腿的螺旋并伸缩其长度,待气泡居中后,立即旋紧。

(3)精确整平:先使管水准器与任意两个脚螺旋的连线方向平行,然后以左手拇指原则,操作者双手各执一脚螺旋(第三只脚螺旋居于操作者正前方),双手同时内向(或外向)旋转脚螺旋。此操作至气泡移至两脚螺旋连线方向的中点为止。再将照准部旋转 90°,旋转第三只脚螺旋使气泡居中。

(4)精确对中:旋松中心连接螺旋,平移仪器,同时用眼睛观察光学对中器的目镜端,直到光学对中器目镜端的十字光圈与测站中心精确对准。最后旋紧连接螺旋。

(5)若气泡仍有偏离,应重复上面的(3)、(4)操作直至气泡居中。

2)瞄准

(1)将望远镜对准明亮背景,进行目镜调焦,使十字丝清晰。

(2)松开照准部水平制动螺旋,转动望远镜,通过望远镜上的粗瞄器初步瞄准目标(花杆),使其位于望远镜的视场内,旋紧制动螺旋。

(3) 进行物镜调焦，使目标像十分清晰。旋转望远镜微动螺旋，使目标像的高低适中，注意消除视差。

3) 读数

打开反光镜，调节反光镜使读数窗亮度适中，旋转读数显微镜的目镜调焦螺旋，使度盘及分微尺的刻划线清晰，读取落在分微尺上的度盘刻划线所示的度数，然后读出分微尺上 0 刻划线到这条度盘刻划线之间的分数，最后估读至 1′的 0.1 位并换算成秒。如图 2-2 所示，水平度盘读数为 117°01′54″，竖盘读数为 90°36′12″。

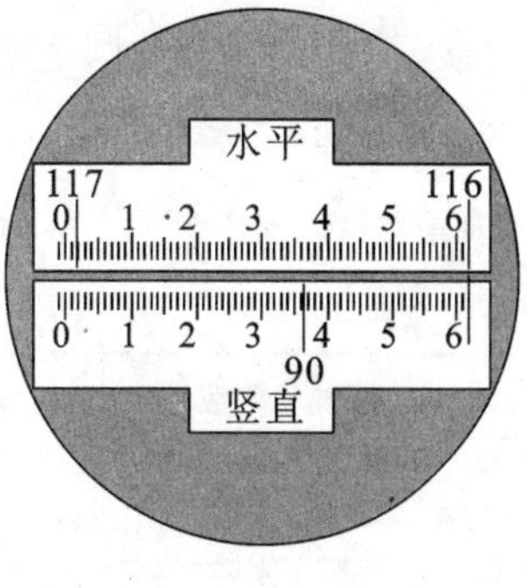

图 2-2　DJ6 光学经纬仪读数窗

4) 记录

用铅笔将观测目标的水平度盘和竖直度盘读数记录在表 2-1 中。

3. 其他练习

(1) 盘左、盘右进行观测练习：松开望远镜制动螺旋，旋转望远镜从盘左转为盘右(或相反)，进行瞄准目标和读数的练习。

(2) 改变水平度盘位置的练习：旋紧水平制动螺旋，转动水平度盘变换手轮，从度盘读数镜中观察水平度盘读数的变化情况，并试对准某一整数度数，例如 0°00′00″、90°00′00″等。

五、实训注意事项

(1) 仪器安放到三脚架上或取下时，要用一只手握住仪器，以防仪器摔落。

(2) 经纬仪对中时，应使三脚架架头大致水平，否则会使仪器整平困难。

(3) 要求对中误差小于 2 mm，管水准器整平误差小于 1 格。

(4) 用望远镜瞄准目标时，注意消除视差。

六、实训考核

(1) 每组自行选择测站点安置经纬仪，再选择合适的位置插测钎作为瞄准目标。

(2) 将观测的水平方向读数和竖直度盘记录在表 2-1 中，用不同的方向值计算水平角。

(3) 教师根据学生在仪器操作过程中的熟练程度和所用时间、读数的正确性及精度综合评定成绩。

七、实训问题与思考

(1) 经纬仪主要由哪几部分组成？各有什么作用？

(2) 经纬仪的安置步骤有哪些?

(3) 什么是横轴、视准轴?

(4) 用经纬仪瞄准同一竖直面内不同高度的两点,水平度盘的读数是否相同?

表 2-1　角度测量记录表

日期:________　天气:________　观测者:________

仪器:________　小组:________　记录者:________

测站	目标	竖盘	水平度盘读数	水 平 角 值	竖直度盘读数	略图
		左				
		右				
		左				
		右				
		左				
		右				
		左				
		右				

任务 2　测回法观测水平角

一、实训目的

(1) 进一步熟悉 DJ6 光学经纬仪的使用方法。

(2) 掌握测回法观测水平角的观测程序、记录和计算方法。

(3) 了解用 DJ6 光学经纬仪按测回法观测水平角的各项技术指标。

二、实训学时与组织

(1) 学时:室外实训 2 学时。

(2) 组织:以小组为单位,每组 3～4 人,实训过程中轮换操作,每人均需按测回法完成一个测回的观测、记录和计算等工作。

三、实训仪器与设备

每组 1 台 DJ6 级光学经纬仪、三脚架 1 个、测钎 2 根、测伞 1 把、铅笔、记录手簿、计算器等。

四、实训任务与方法

测回法为观测某一水平单角最常用的方法。设测站点为 O,左目标点为 A,右目标点为 B,测定水平角 β,测回法测量的具体操作如下。

1. 第一测回

1) 上半测回

(1) 如图 2-3 所示,经纬仪安置于测站点 O,经过对中整平,盘左位置瞄准左目标点 A,通过度盘变换手轮将度盘度数配置在 0°或略大于 0°,读得水平度盘读数 $a_{左}$,并记录。

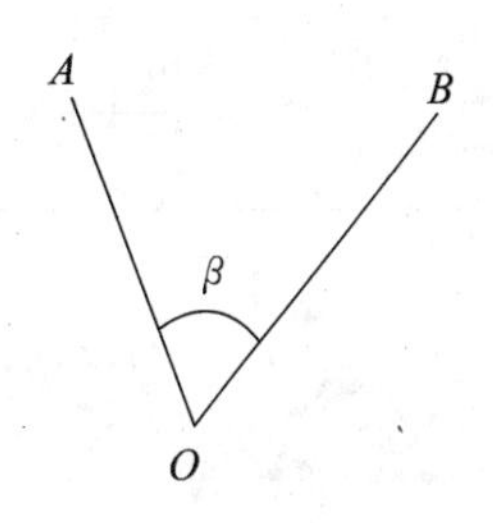

图 2-3 测回法观测水平角

(2) 顺时针转动照准部,瞄准右目标点 B,得读数 $b_{左}$,并记录。

(3) 计算盘左半测回测得的水平角值 $\beta_{左}=b_{左}-a_{左}$。

2) 下半测回

(1) 倒装望远镜成盘右位置,瞄准右目标点 B,得读数 $b_{右}$,并记录。

(2) 逆时针转动照准部,瞄准左目标点 A,得读数 $a_{右}$,并记录。

(3) 计算盘右半测回测得的水平角值 $\beta_{右}=b_{右}-a_{右}$。

3) 一个测回的计算

比较计算 $\beta_{左}$ 与 $\beta_{右}$ 的差值,若不大于限差 40″,则满足要求,取其平均值 $\frac{\beta_{左}+\beta_{右}}{2}$ 作为一个测回的水平角值。

2. 多个测回

如果需要对一个水平角测量 n 个测回,则第一测回盘左瞄准左侧目标 A 的时候,配置水平度盘读数在 0°附近，以后测回序数每增加 1，盘左瞄准左侧目标 A 的时候，水平度盘的读数需要配置到比上一测回配置值递增 $180°/n$ 之后的值附近。如：要对一个水平角测量 3 个测回，则每个测回度盘读数需有变化，则 3 个测回盘左位置瞄准左边第一个目标 A 时，配置度盘的读数分别为 0°、60°、120°或略大于这些读数。

除需要配置度盘读数外，各测回观测方法与第一测回水平角的观测方法相同。比较各测回所测角值，若限差≤24″，则满足要求，取其平均值作为各测回平均角值。

测回法观测记录、计算示例见表 2-2。

表 2-2　测回法观测记录手簿

日期：________　天气：________　观测者：________

仪器：________　小组：________　记录者：________

测站	测回	目标	竖盘位置	水平度盘读数 ° ′ ″	半测回角值 ° ′ ″	一测回角值 ° ′ ″	各测回平均角值 ° ′ ″	备注
O		A	左	0 05 00	90 40 00	90 40 06	90 40 00	
		B		90 45 00				
		B	右	270 45 06	90 40 12			
		A		180 04 54				
O		A	左	90 08 12	90 39 54	90 39 54		
		B		180 48 06				
		B	右	0 48 12	90 39 54			
		A		270 08 18				

五、实训注意事项

（1）要求对中误差小于 2 mm，整平误差小于 1 格。

（2）瞄准目标时，应尽量瞄准目标底部，以减少目标偏心误差。

（3）观测过程中，若发现照准部水准管气泡偏移超过 1 格，应重新整平仪器，并重测该测回。

（4）计算半测回角值时，当第一目标读数 a 大于第二目标读数 b 时，应在第一目标读数 a 上加上 360°。

（5）所有需要计算的角度应当场计算，符合要求后再做下一步观测。

六、实训考核

（1）每组在指定的场地上自行选择适当位置的三个点，其中一个作为测站点，在其上对中整平安置经纬仪，再选择另两个点树立标杆作为瞄准目标。

(2) 按测回法进行目标观测，将各测回读数记录在表2-3中，并计算水平角。要求每个小组观测的总测回数等于小组总人数(每人观测1个测回)。

(3) 教师根据学生在仪器操作过程中的熟练程度和所用时间、读数的正确性及精度综合评定成绩。

表2-3 测回法观测记录表

日期：________ 天气：________ 观测者：________

仪器：________ 小组：________ 记录者：________

<table>
<tr><th>测站</th><th>测回</th><th>目标</th><th>竖盘位置</th><th>水平度盘读数
° ′ ″</th><th>半测回角值
° ′ ″</th><th>一测回角值
° ′ ″</th><th>各测回平均角值
° ′ ″</th><th>备注</th></tr>
<tr><td rowspan="4"></td><td rowspan="4"></td><td>A</td><td rowspan="2">左</td><td></td><td rowspan="2"></td><td rowspan="4"></td><td rowspan="16"></td><td rowspan="16"></td></tr>
<tr><td>B</td><td></td></tr>
<tr><td>B</td><td rowspan="2">右</td><td></td><td rowspan="2"></td></tr>
<tr><td>A</td><td></td></tr>
<tr><td rowspan="4"></td><td rowspan="4"></td><td>A</td><td rowspan="2">左</td><td></td><td rowspan="2"></td><td rowspan="4"></td></tr>
<tr><td>B</td><td></td></tr>
<tr><td>B</td><td rowspan="2">右</td><td></td><td rowspan="2"></td></tr>
<tr><td>A</td><td></td></tr>
<tr><td rowspan="4"></td><td rowspan="4"></td><td>A</td><td rowspan="2">左</td><td></td><td rowspan="2"></td><td rowspan="4"></td></tr>
<tr><td>B</td><td></td></tr>
<tr><td>B</td><td rowspan="2">右</td><td></td><td rowspan="2"></td></tr>
<tr><td>A</td><td></td></tr>
<tr><td rowspan="4"></td><td rowspan="4"></td><td>A</td><td rowspan="2">左</td><td></td><td rowspan="2"></td><td rowspan="4"></td></tr>
<tr><td>B</td><td></td></tr>
<tr><td>B</td><td rowspan="2">右</td><td></td><td rowspan="2"></td></tr>
<tr><td>A</td><td></td></tr>
</table>

七、实训问题与思考

(1) 观测水平角时，为何要测多个测回？若测回数为3，则各测回的起始读数应该是多少？

(2) 如何采用度盘变换手轮来配置水平度盘的读数？

任务 3 方向观测法观测水平角

一、实训目的

(1) 熟悉经纬仪的使用方法。

(2) 掌握方向观测法观测水平角的观测程序、记录和计算方法。

二、实训学时与组织

(1) 学时:室外实训 2 学时。

(2) 组织:以小组为单位,每组 3～4 人,实训过程中轮换操作,每人均需按方向观测法完成观测、记录和计算等工作。

三、实训仪器与设备

每组 DJ6 级光学经纬仪 1 台、三脚架 1 个、花杆(或测钎)4 根、测伞 1 把、铅笔、记录手簿、计算器等。

四、实训任务与方法

1. 第一测回

1) 上半测回

(1) 如图 2-4 所示,经纬仪安置于测站点 O,经过对中整平,顺时针选定 A、B、C、D 四个目标(选定某一较清晰目标点为 A)。

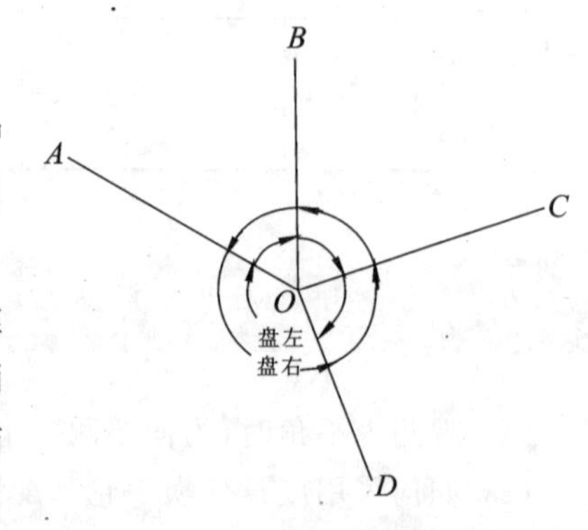

图 2-4 方向观测法的观测顺序

(2) 盘左观测时,首先瞄准起始目标 A(用十字丝中丝相切于目标顶部或平分目标),使水平度盘读数为 0°或稍大,记入表 2-4 中。然后按顺时针方向转动照准部,依次瞄准目标 B、C、D、A,分别读取水平度盘读数,记入表 2-4 中,并计算半测回归零差。操作规范规定半测回归零差不得大于 18″，实习时可放宽至 30″。

2）下半测回

盘右观测时从起始目标 A 开始，按逆时针方向依次瞄准 D、C、B 后归零至起始方向 A，依次读取读数，记入表格，并计算下半测回归零差，相关规定与上半测回相同。方向观测法的观测顺序如图 2-3 所示。

3）一个测回的计算

(1) 计算二倍照准误差 $2C$ 值：$2C$=[盘左读数－(盘右读数±180°)]/2。

(2) 计算各方向的平均读数，某方向的平均读数＝(盘左读数＋盘右读数±180°)/2。由于起始方向 A 有两个平均读数，须再取其平均值，写在第一个平均值的上方，并加括号。

(3) 计算归零后的方向值，填入表 2-4 相应栏中。某方向归零后的方向值＝该方向平均读数－零方向平均读数。

表 2-4　方向观测法观测水平角记录

日期：________　　天气：________　　观测者：________

仪器：________　　小组：________　　记录者：________

测站	测回数	目标	水平度盘读数		$2C$	平均读数	归零后方向值	各测回归零方向值的平均值
			盘左	盘右				
			° ′ ″	° ′ ″	″	° ′ ″	° ′ ″	° ′ ″
O	1	A	0 12 00	180 12 12	－12	(0 12 03) 0 12 06	0 00 00	0 00 00
		B	40 51 54	220 52 00	－6	40 51 57	40 39 54	40 39 58
		C	110 43 18	290 43 12	＋6	110 43 15	110 31 12	110 31 14
		D	254 37 06	74 37 12	－6	254 37 09	254 25 06	254 25 14
		A	0 11 54	180 12 06	－12	0 12 00		
	2	A	90 04 30	270 04 24	＋6	(90 04 28) 90 04 27	0 00 00	
		B	130 44 30	310 44 36	－6	130 44 33	40 40 02	
		C	200 35 48	20 35 42	＋6	200 35 45	110 31 17	
		D	344 29 48	164 29 54	－6	344 29 51	254 25 23	
		A	90 04 30	270 04 30	0	90 04 30		

2. 多个测回

若要求观测的测回总数为n，则第一测回盘左瞄准左侧目标A的时候，配置水平度盘读数在0°附近，以后测回序数每增加1，盘左瞄准左侧目标A的时候，水平度盘的读数需要配置到比上一测回配置值递增$180°/n$之后的值附近。每个测回的观测程序和计算方法，与第一测回相同。某方向各测回平均方向值＝该方向各测回方向值之和$/n$。

方向观测法观测水平角记录、计算示例如表2-4所示。

五、实训注意事项

(1) 方向观测法的起始目标应选择远近适当的清晰的目标。

(2) 半测回归零差不得大于18″，若超限，应立即返工重测。

(3) 某一测回观测完毕应立即计算$2C$值，对于DJ6级光学经纬仪，其操作规范规定不需检查$2C$的变化。

六、实训考核

(1) 每组在指定的场地上自行选择适当位置的5个点，其中一个作为测站点，在其上对中整平安置经纬仪，再选择另4个点树立标杆或插测钎作为瞄准目标。

(2) 按方向观测法进行目标观测，将各测回读数记录在表2-5中，并计算相应归零后方向值等数据。要求每个小组观测的总测回数等于小组总人数(每人观测1个测回)。

(3) 教师根据学生在仪器操作过程中的熟练程度和所用时间、读数的正确性及精度综合评定成绩。

七、实训问题与思考

(1) 方向观测法与测回法观测水平角有哪些异同?

(2) 如何利用方向值来计算某两个方向之间所夹的水平角?

表 2-5　方向观测法观测水平角记录

日期：________　天气：________　观测者：________
仪器：________　小组：________　记录者：________

测站	测回数	目标	水平度盘读数		2C	平均读数	归零后方向值	各测回归零方向值的平均值
			盘左	盘右				
			° ′ ″	° ′ ″	″	° ′ ″	° ′ ″	° ′ ″
		A						
		B						
		C						
		D						
		A						
		A						
		B						
		C						
		D						
		A						
		A						
		B						
		C						
		D						
		A						
		A						
		B						
		C						
		D						
		A						
		A						
		B						
		C						
		D						
		A						
		A						
		B						
		C						
		D						
		A						

任务 4 竖直角测量

一、实训目的

(1) 了解光学经纬仪竖盘构造、竖盘注记形式;弄清竖盘、竖盘指标与竖盘指标水准管之间的关系。

(2) 能够正确判断出所使用经纬仪竖直角计算的公式。

(3) 掌握竖直角的观测、记录、计算等的方法。

二、实训学时与组织

(1) 学时:室外实训 2 学时。

(2) 组织:以小组为单位,每组 3～4 人,实训过程中轮换操作,每人至少向同一目标观测 2 个测回,或者向两个不同目标各观测一个测回,并完成相应的计算。

三、实训仪器与设备

每组 DJ6 级光学经纬仪 1 台、三脚架 1 个、花杆(或测钎)2 根、测伞 1 把、铅笔、记录手簿、计算器等。

四、实训任务与方法

(1) 在测站点 O 安置经纬仪,对中,整平,使望远镜呈水平放置,观察竖直度盘的读数在 90° 的哪个整数倍附近,然后抬高望远镜,从显微镜读数窗中观察竖直度盘读数的变化,确定竖直角的计算公式。

(2) 选定某一明显标志作为目标点 A,盘左,瞄准目标(用十字丝中丝横切于目标顶部或平分目标),打开竖盘自动归零装置,读取盘左竖盘读数 $\alpha_{左}$,并计算盘左半测回竖直角 $\alpha_{左}=90°-\alpha_{左}$(以顺时针注记,盘左实现水平时竖盘读数为 90°为例)。

(3) 盘右,照准目标点 A 做同样的观测,记录盘右竖盘读数 $\alpha_{右}$,得盘右半测回竖直角值 $\alpha_{右}=\alpha_{右}-270°$。

(4) 按下式计算竖盘指标差 x 及第一测回竖直角 α:

$$x=\frac{1}{2}(\alpha_{右}-\alpha_{左})=\frac{1}{2}(R+L-360°)$$

$$\alpha = \frac{\alpha_{左} + \alpha_{右}}{2}$$

(5) 用同样的方法进行第二测回的观测。检查各测回指标差互差(限差±25″)及竖直角值的互差(限差±25″)是否满足要求,如在限差要求之内,则可计算同一目标各测回竖直角的平均值。

竖直角观测记录、计算示例如表2-6所示。

表2-6 竖直角测量记录

日期:______________ 天气:______________ 观测者:______________

仪器:______________ 小组:______________ 记录者:______________

测站	目标	竖盘位置	竖盘读数 ° ′ ″	半测回竖直角 ° ′ ″	指标差 ′ ″	一测回竖直角 ° ′ ″	备注
O	A	左	70 05 30	19 54 30	+6	19 54 36	
		右	289 54 42	19 54 42			

五、实训注意事项

(1) 每次竖直角读数前,应打开竖盘自动归零装置。

(2) 计算竖直角和竖盘指标差时,应注意正负号。

(3) 指标差对于某一特定仪器为一常数,因此,各次测得的指标差之差不应大于25″。

六、实训考核

(1) 每组在指定的场地上自行选择适当位置的三个点,其中一个作为测站点,在其上对中整平安置经纬仪,再选择另外两个点树立标杆或测钎作为瞄准目标。

(2) 分别对这两个目标进行竖直角观测各两个测回,将各读数记录在表2-7中,并计算竖平角和竖盘指标差。

(3) 教师根据学生在仪器操作过程中的熟练程度和所用时间、读数的正确性及精度综合评定成绩。

七、实训问题与思考

(1) 竖直角测量与水平角测量有哪些异同?

(2) 每次竖直角读数前,打开竖盘自动归零装置的目的是什么?

(3) 什么叫竖直角?用经纬仪瞄准同一竖直面内不同高度的两个点,在竖盘上的读数差是否就是它们之间的夹角?

表 2-7 竖直角观测记录表

日期：________ 天气：________ 观测者：________

仪器：________ 小组：________ 记录者：________

测站	目标	竖盘位置	竖盘读数 ° ′ ″	半测回竖直角 ° ′ ″	指标差 ′ ″	一测回竖直角 ° ′ ″	各测回竖直角平均值 ° ′ ″	备注
		左						
		右						
		左						
		右						
		左						
		右						
		左						
		右						
		左						
		右						

任务 5 经纬仪的检验与校正

一、实训目的

（1）掌握经纬仪的主要轴线之间应满足的关系。

（2）了解经纬仪检验的方法。

二、实训学时与组织

（1）学时：室外实训 2 学时。

（2）组织：以小组为单位，每组 3～4 人，实习过程中轮换观测与记录。

三、实训仪器与设备

每组 DJ6 级光学经纬仪 1 台、三脚架 1 个、花杆(或测钎)2 根、小尺、皮尺、校正针、小螺丝刀、测伞 1 把、铅笔、记录手簿、计算器等。

四、实训任务与方法

1. 照准部水准管轴垂直于仪器竖轴的检验与校正

1)检验方法

(1)将经纬仪严格整平。

(2)转动照准部,使水准管与三个脚螺旋中的任意一对平行,转动脚螺旋使气泡严格居中。

(3)将照准部旋转 180°,此时,如果气泡仍然居中,说明该条件能够满足。若气泡偏离中央零点位置,则需进行校正。

照准部水准管检验原理见图 2-5。

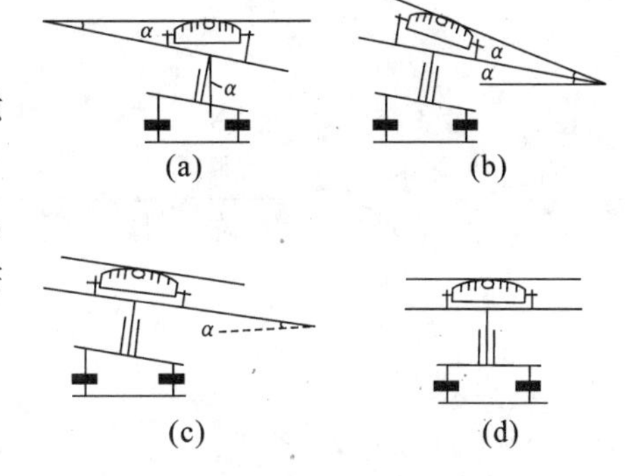

图 2-5 照准部水准管检验原理

2)校正方法

(1)先旋转这一对脚螺旋,使气泡向中央零点位置移动偏移格数的一半。

(2)用校正针拨动水准管一端的校正螺丝,使气泡居中。

(3)再次将仪器严格整平后进行检验,如需校正,仍用(1)、(2)所述方法进行校正。

(4)反复进行数次,直到气泡居中后再转动照准部,气泡偏离在半格以内,可不再进行校正。

2. 十字丝竖丝垂直于横轴的检验与校正

1)检验方法

整平仪器后,用十字丝竖丝的最上端照准一明显固定点,固定照准部制动螺旋和望远镜制动螺旋,然后转动望远镜微动螺旋,使望远镜上下微动,如果该固定点目标不离开竖丝,则说明此条件满足,否则需要校正,如图 2-6 所示。

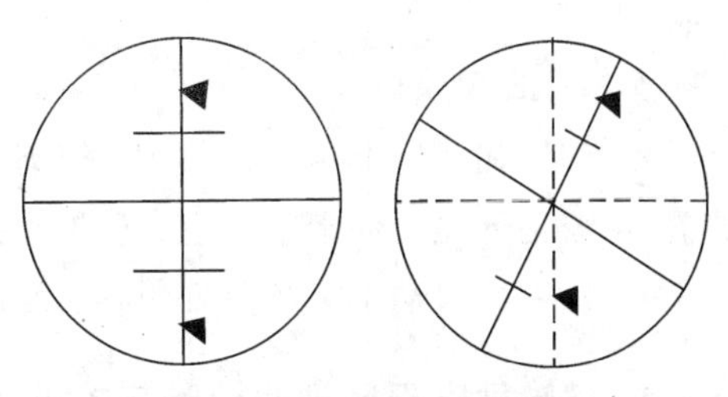

图 2-6 十字丝竖丝的检验

2)校正方法

(1)旋下望远镜目镜端十字丝环护罩,用螺丝刀松开十字丝环的每个固定螺丝。

(2)轻轻转动十字丝环,使竖丝处于竖直位置。

(3)调整完毕后务必拧紧十字丝环的四个固定螺丝,上好十字丝环护罩。

3. 视准轴垂直于横轴的检验与校正

1）检验方法

在平坦地面上，选择相距约 100 m 的 A、B 两点，在 AB 连线中点 O 处安置经纬仪，如图 2-7 所示，并在 A 点设置一瞄准标志，在 B 点横放一根刻有毫米分划的直尺，使直尺垂直于视线 OB，A 点的标志、B 点横放的直尺应与仪器大致同高。用盘左位置瞄准 A 点，制动照准部，然后倒转望远镜，在 B 点尺上读得 B_1；用盘右位置再瞄准 A 点，制动照准部，然后倒转望远镜，再在 B 点尺上读得 B_2。如果 B_1 与 B_2 两读数相同，说明条件满足。否则，按下式计算 c。

$$c = \frac{B_1 B_2}{4D}\rho$$

如果 $c > 60''$，则需要校正。

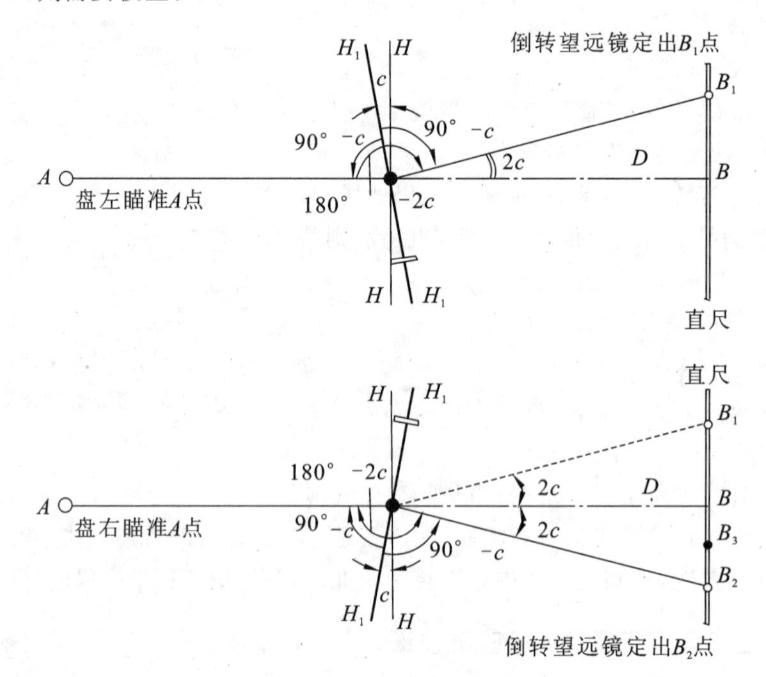

图 2-7　视准轴误差的检验

2）校正方法

校正时，在直尺上定出一点 B_3，使 $B_2B_3 = B_1B_2/4$，OB_3 便与横轴垂直。打开望远镜目镜端护盖，用校正针先松动十字丝上、下的十字丝校正螺钉，再拨动左右两个十字丝校正螺钉，使其一松一紧，左右移动十字丝分划板，直至十字丝交点对准 B_3。此项检验与校正也需反复进行。

4. 横轴垂直于竖轴的检验与校正

1）检验方法

(1) 将仪器安置在一个清晰的高目标附近（望远镜仰角为 30°左右），视准轴与墙面大致垂直。如图 2-8 所示。用盘左位置找准一目标（用 P 表示），拧紧水平制动螺旋后，将望远镜放到水平位置，在墙上标出 P_1 点。

(2) 用盘右位置照准目标 P,放平望远镜,在墙上标出 P_2 点。若 P_1 与 P_2 两点重合,说明望远镜横轴垂直于仪器竖轴,否则需要进行校正。

2) 校正方法

(1) 由于盘左和盘右两个位置的投影各向不同方向倾斜,而且倾斜角度是相等的,因此取 P_1 与 P_2 的中点 P_M,P_M 即为目标 P 的正确投影位置。得到 P_M 点后,用微动螺旋使望远镜照准 P_M 点,再扬起望远镜看目标 P,此时十字丝交点将偏离 P 点,设为 P' 点。

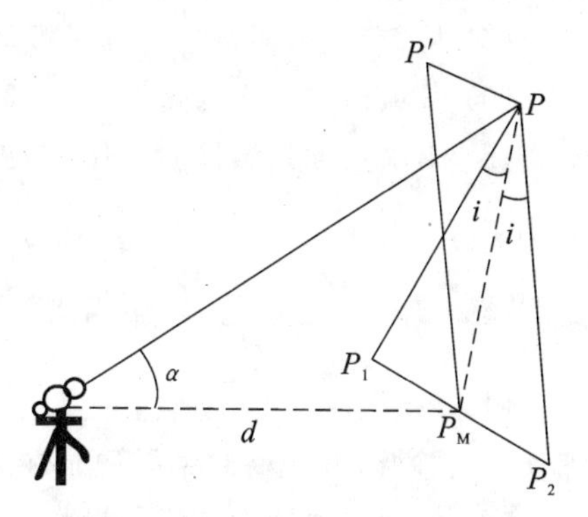

图 2-8　横轴垂直于竖轴的检验

(2) 打开仪器支架的护盖,松开望远镜横轴的校正螺钉,转动偏心轴承,升高或降低横轴的一端,使十字丝交点照准 P 点,最后拧紧校正螺钉。

(3) 此项检验一般应送专门仪器维修机构进行。

5. 竖盘指标差的检验与校正

1) 检验方法(带竖盘自动归零装置的)

经纬仪整平后,对同一高度的目标进行盘左、盘右观测,若盘左位置读数为 L,盘右位置读数为 R,则指标差 x 按下式计算:

$$x=(L+R-360^\circ)/2$$

若 x 的绝对值大于 $30''$,则应进行校正。

2) 校正方法

取下竖盘立面仪器外壳上的指标差护盖板,可见到两个带孔螺钉,松开其中一个螺钉,拧紧另一个螺钉,使垂直光路中一块平板玻璃产生转动,从而达到校正的目的。仪器校正完毕后,检查校正螺钉是否紧固可靠,以防脱落。

6. 光学对中器的检验与校正

光学对中器的检验目的是使光学垂线与竖轴重合。

1) 检验方法

安置经纬仪于脚架上,移动放置在脚架中央地面上标有某一目标点 a 的白纸,使十字丝中心与 a 点重合。转动仪器 180°,再看十字丝中心是否与地面上的 a 目标重合,若重合条件不满足,则需要进行校正。

2) 校正方法

调节分划板校正螺丝,使十字丝退回偏离值的一半,即可达到校正的目的。

五、实训注意事项

(1) 经纬仪检校是很精细的工作,必须认真对待。

(2) 发现问题及时向指导教师汇报,不得自行处理。

(3) 各项检校顺序不能颠倒,在检校过程中要同时填写实训报告。

(4) 检校完毕,要将各个校正螺丝拧紧,以防脱落。

(5) 各项检校工作都需重复进行,直到符合要求为止。

(6) 本次实训只做检验工作,校正工作应在指导教师的指导下进行。

六、实训考核

(1) 每组在指定的场地上按照本任务中的第四项实训任务与方法中所列出的各项对所用经纬仪进行检验,并把检验结果记录在表 2-8 中。

(2) 教师根据学生在仪器操作过程中的熟练程度和所用时间、记录的正确性综合评定成绩。

七、实训问题与思考

(1) 经纬仪的各轴线之间应满足哪些关系?

(2) 经纬仪测角时通过盘左盘右分别观测可以消除哪些误差?

表 2-8　检验和校正情况记录表

日期:________天气:________检校者:________记录者:________

偏离量 检验项目	校正前检验	校正后检验
水准管轴垂直于横轴	____格	____格
十字丝竖丝垂直于横轴	竖丝是否明显偏离(是、否)	竖丝是否明显偏离(是、否)
视准轴垂直于横轴	$B_1B_2=$ $C=$	$B_1B_2=$ $C=$
横轴垂直于竖轴	$P_1P_2=$	$P_1P_2=$
竖盘指标差	$x=$	$x=$
光学对中器	偏离____ mm	偏离____ mm

项目3 距离测量

任务1 钢尺量距

一、实训目的

(1) 掌握使用钢尺进行普通距离测量的方法。

(2) 掌握使用钢尺量距的数据计算方式,并对数据进行精度评定。

二、实训学时与组织

(1) 学时:室外实训2学时。

(2) 组织:以小组为单位,每组4～5人,每组完成量距操作、读数、记录、计算等工作。

三、实训仪器与设备

每组配备30 m钢尺1把、花杆2根、测钎1束、木桩2根、斧子1把、记录夹1个、记录纸、铅笔、计算器等。

四、实训任务与方法

(1) 在AB处设置木桩,并在木桩上钉一铁钉作为标记。由两人分别在标记上竖立花杆,如图3-1所示。

(2) 后尺手拿钢尺零端,站在A点,前尺手拿钢尺末端沿AB方向前进。

(3) 选一整尺数处,由后尺手指挥将其位移至AB方向线上,待钢尺稳定后由前尺手在钢尺末端刻划处插下一根测钎,即为完成一个测段的测量。

(4) 后尺手和前尺手同时举尺前进,后尺手将钢尺零端指向测钎,同时指挥前尺手使其处于AB方向线上,并完成此测段的测量工作。

(5) 经过多个测段的测量,到最后至B点,此测段不足一整尺。这时后尺手将钢尺零点对准测钎后，前尺手将钢尺对准 B 点并读数、记录。

（6）计算得出 AB 点间的水平距离 D_{AB}。

$$D_{AB}=nl+q$$

式中：l——整尺段长度；

n——整尺段数；

q——不足一整尺的长度。

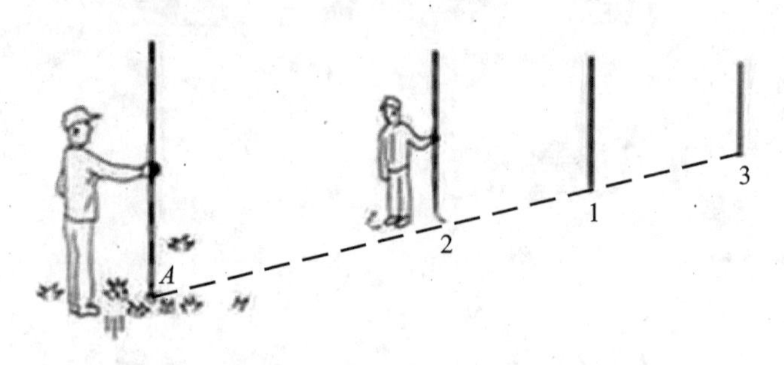

图 3-1　花杆直线定线

（7）采用相同的方法反向由 B 到 A 点进行丈量，返测时要求重新定线。

（8）计算往返平均值、差值并计算得出其相对误差 K，其限差不应超过 1/3000，若没有达到此限差要求则必须返工重测。

$$D_{均}=\frac{1}{2}(D_{AB}+D_{BA})$$

$$K=\frac{|D_{AB}-D_{BA}|}{\frac{D_{AB}+D_{BA}}{2}}=\frac{1}{N}$$

（9）将测量和计算数据填入表 3-1 中。

表 3-1　钢尺量距记录表

日期：＿＿＿＿＿＿　天气：＿＿＿＿＿＿　整尺段长度 l：＿＿＿＿＿＿　记录者：＿＿＿＿＿＿

测　段	测量方向	整尺段总长 $n\times l$	余长 q	全长 D	往返平均值 $D_{均}$	K
	往					
	返					
	往					
	返					
	往					
	返					
	往					
	返					
	往					
	返					
	往					
	返					

五、实训注意事项

(1) 零点看清——尺子零点不一定在尺端,有些尺子在零点前还有一段分划,必须看清。

(2) 读数认清——尺上读数要认清 m、dm、cm 的注字和 mm 的分划数。

(3) 尺段记清——尺段较多时,容易发生少记一个尺段的错误。

(4) 前后尺手应密切配合,用力均匀,使钢尺保持水平,读数应迅速准确。

(5) 钢尺容易损坏,为维护钢尺,应做到四不:不扭、不折、不压、不拖。钢尺用毕要擦净后才可卷入尺壳内。

六、实训考核

(1) 教师指定点位进行钢尺量距,限差满足 1/3000 为合格。

(2) 按普通钢尺量距操作程序进行,完成指定点位间的距离测量。读数记入表 3-2 中。实训任务结束后应将表格及时上交。

(3) 根据学生在钢尺量距过程中的熟练程度和所用时间、记录计算的质量、数据精度综合评定成绩。

七、实训问题与思考

(1) 什么叫直线定线?目估定线如何进行?

(2) 如何对丈量精度进行评定?

(3) 钢尺的使用应注意什么问题?

表 3-2 钢尺量距记录表

日期:________ 组号:________ 整尺段长度 l:________

编号	测量方向	整尺段总长 $n\times l$	余长 q	全长 D	往返平均值 $D_{均}$	K
	往					
	返					
	往					
	返					
	往					
	返					
	往					
	返					
	往					
	返					
	往					
	返					

任务 2 视距测量

一、实训目的

(1) 要求掌握经纬仪水平、倾斜时视距测量的观测、记录和计算的方法。

(2) 要求掌握视距法距离测量及高差测量的观测、记录和计算方法。

(3) 具有视距测量的实际应用能力。

二、实训学时与组织

(1) 学时:课外 2 学时。

(2) 人员:以小组为单位,每组 3～4 人,每人完成 3 个点的观测、记录和计算。

三、实训仪器与设备

每组 1 台经纬仪、木桩 1 根、水准尺 1 把、钢卷尺 1 把、记录板 1 块、记录表格、铅笔、计算器、草稿纸等。

四、实训任务与方法

(1) 如图 3-2 所示,将经纬仪安置在测站上,完成仪器的对中、整平工作。

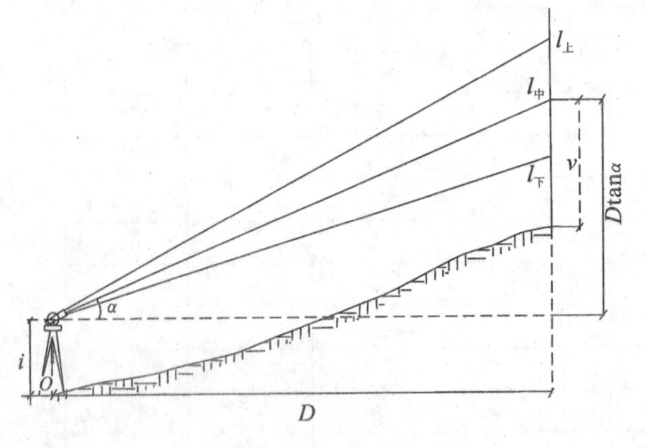

图 3-2 视距测量

(2) 用钢卷尺量取仪器高 i(假定测站点地面高程为 $H_0=100$ m)。

(3) 每人分别用平视、仰视、俯视各观测一固定点,在每个点上竖立水准尺,并读取水准尺上、中、下三丝读数及竖盘读数 L,记录如表 3-3 所示。

(4) 运用公式 $D=kl\cos^2\alpha$ 及 $h=D\tan\alpha+i-v$ 计算平距和高差。用公式 $H_i=H_O+h$ 计算高程。

上述公式中:k——视距乘常数,$k=100$;

l——上下丝读数之差;

i——仪器高,指地面点到仪器横轴中心的高度;

v——中丝读数。

实验观测及记录数据见表 3-3。

表 3-3 视距测量记录

日期:__________ 天气:__________ 观测者:__________ 记录者:__________ 仪器高:__________

测点	下丝读数	上丝读数	视距间隔	中丝读数	竖盘读数 ° ′	竖角 ° ′	平距 D	高差主值 h'	高差 h	观测点高程 H
A	1.842	1.758	0.084	1.800	87 32	+2 28	8.4	+0.36	+0	100
B	0.243	0.158	0.085	0.200	98 20	−8 20	8.3	−1.21	−0.03	99.97

五、实训注意事项

(1) 视距测量前应对所用经纬仪进行竖盘指标差的检验与校正,使指标差小于 1′。

(2) 注意消除视差。

(3) 水准尺应严格竖直。

(4) 上下丝读数精确到毫米(mm),中丝读数精确到厘米(cm),仪器高度和高差精确到厘米(cm),竖盘读数精确至 1′。

六、实训考核

(1) 在教师指定位置处架立仪器和水准尺。

(2) 运用视距测量的方法观测并计算两点间的平距和高差,数据记入表 3-4 中。

(3) 实验结束时上交观测记录及计算成果表 3-4,教师根据其观测时间和数据精度评定成绩。

七、实训问题与思考

（1）视距测量中视线水平和倾斜时的不同之处是什么？

（2）视距测量需要哪些观测量？

（3）如何使经纬仪视线水平？

表 3-4　视距测量记录

日期：＿＿＿＿＿　天气：＿＿＿＿＿　观测者：＿＿＿＿＿　记录者：＿＿＿＿＿　仪器高：＿＿＿＿＿

测点	下丝读数	上丝读数	视距间隔	中丝读数	竖盘读数 ° ′	竖角 ° ′	平距 D	高差主值 h'	高差 m	观测点高程 m

任务 3　手持式测距仪的认识与使用

一、实训目的

（1）认识手持式测距仪的结构，了解各部件的名称和作用。

（2）练习手持式测距仪的测量方法，掌握距离测量的流程。

二、实训学时与组织

（1）学时：室外实训 2 学时。

（2）组织：以小组为单位，每组 2 人，实训过程轮换操作，每人独立完成手持式测距仪的测距工作。

三、实训仪器与设备

手持式激光测距仪 1 台、觇板 1 块、记录手簿等。

四、实训任务与方法

（1）参考图 3-3 所示手持式测距仪示意图，了解各按钮的名称和作用。

（2）将手持式测距仪安装电池并开机。

（3）将手持式测距仪安放稳定后按下激光测距按钮打开激光器，在目标点位上架设觇板。

（4）调整测距仪使激光照射在觇板上，并使测距仪内部管状水准气泡大致居中。

（5）再次按下激光测距按钮，用仪器进行距离测量。读取显示屏上的读数并记录下来。

（6）对目标进行多次量测，满足限差后取其平均值。

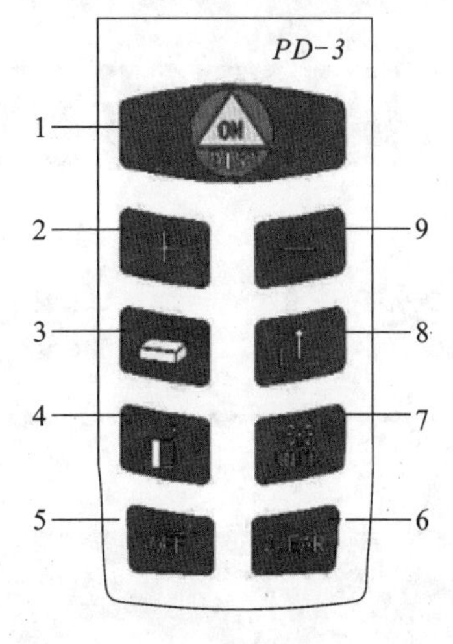

图 3-3　手持式测距仪示意图

1—开启/测量键；2—加键；
3—面积/体积键；4—测量参考键；
5—关机键；6—清除键；7—单位/显示屏

五、实训注意事项

（1）切勿在潮湿环境下使用手持式测距仪。

（2）使用仪器时应稳拿稳放，严禁磕碰。

（3）严禁将激光对准眼睛。

（4）仪器使用完成后应将电池卸下。

六、实训考核

（1）在一已知点位上使用手持式测距仪进行距离测量。

（2）计算点位间距，结果满足要求即为合格。

七、实训问题与思考

（1）手持式测距仪自身长度是否包含在测距结果之中？

（2）手持式测距仪如何进行检验？

项 目 4

图根导线和交会定点测量

任务 1 图根导线测量

一、实训目的

(1) 了解图根导线常采用的形式,掌握图根导线的选点与布设过程。

(2) 熟练掌握图根导线测量的外业和内业方法与内容。

(3) 掌握交会法定点进行控制网加密的方法。

二、实训学时与组织

(1) 学时:室外集中实训 12 学时。

(2) 组织:以小组为单位,每组 4 人,实训外业过程轮换操作,每人均需完成导线测量的外业工作和内业计算。

三、实训仪器与设备

经纬仪或全站仪 1 台、三脚架、标杆和测钎各 2 根、棱镜 1 个(全站仪用)、木桩(铁钉)1 个、铁锤 1 把、记录和计算手簿、铅笔、计算器等。

四、实训任务与方法

1. 导线的形式

导线可布设为闭合导线、附合导线和支导线三种形式。如图 4-1 所示,图 4-1(a)所示为闭合导线,图 4-1(b)所示为附合导线,图 4-1(c)所示为支导线。图根导线作为首级控制时常采用闭合导线和附合导线。

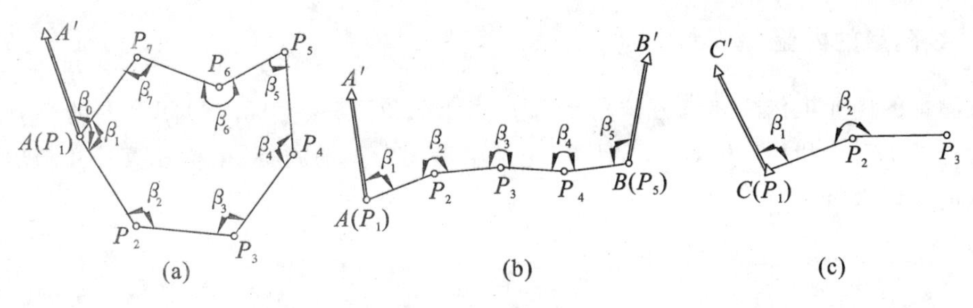

图 4-1　导线形式

2. 导线测量外业

1）选点

在实训场地上，选定适当数量的导线控制点，并打上木桩进行标定和编号，构成闭合导线形式。

2）测角

采用测回法测定每个转折角度，用测回法测定水平角的测角中其误差一般不超过 30″。

3）量边

对相邻点间的导线边长进行测量，可利用钢尺或全站仪测距。相对误差应符合图根导线边长测量的限差要求，钢尺量距一般要求为 1/3 000。

4）联测

当采用的图根控制有高一级的首级控制网点时，采用图根控制与高一等级控制网联测来获取与高一等级控制网相一致的平面坐标系统。其主要工作为测角。如果图根控制采用独立坐标系时，不用联测。

对于钢尺量距图根导线和全站仪测距图根导线的主要技术要求如表 4-1 和表 4-2 所示。

表 4-1　钢尺量距图根导线的主要技术要求

比例尺	附合导线长度/m	平均边长/m	导线相对闭合差	测回数 DJ6	方位角闭合差/(″)
1∶500	500	75			
1∶1 000	1 000	120	⩽1/2 000	1	$\leqslant\pm 60\sqrt{n}$
1∶2 000	2 000	200			

注：n 为测站数。

表 4-2　全站仪测距图根导线的主要技术要求

比例尺	导线长度/m	平均边长/m	导线相对闭合差	角度测回数 DJ6	方位角闭合差/(″)	测距	
						仪器等级	观测次数
1∶500	900	80					
1∶1 000	1 800	150	1/4 000	1	$\leqslant\pm 40\sqrt{n}$	Ⅱ级	单程观测 1测回
1∶1 000	3 000	250					

注：n 为测站数。

3. 导线测量的内业

导线测量的内业工作主要有方位角闭合差的计算和调整、坐标增量闭合差的计算和调整、导线全长绝对闭合差和相对闭合差的计算、坐标增量闭合差的调整、坐标计算等几个步骤，具体计算过程请参见教材。

五、实训注意事项

(1) 导线选点时一般要求采用逆时针编号。

(2) 导线转折角度测量时一般测左角。

六、实训考核

(1) 在实训场地上，按要求进行导线点的选取、编号。

(2) 按要求进行角度测量和距离测量，并能满足规范要求。

(3) 根据学生在实训过程中的现场表现和记录计算情况进行综合评价。

七、实训问题与思考

(1) 为什么在导线选点编号时需要按逆时针方向进行编号？

(2) 如何进行导线的内业计算工作？

任务 2 交会定点测量

一、实训目的

(1) 掌握交会法定点进行控制网加密的方法和过程。

(2) 掌握交会法定点的数据计算。

二、实训学时与组织

(1) 学时：室外集中实训 6 学时。

(2) 组织：以小组为单位，每组 4 人，实训外业过程轮换操作，每人均需完成交会定点测量的外业工作和内业计算。

三、实训仪器与设备

经纬仪或全站仪1台、三脚架、标杆和测钎各2根、棱镜1个(全站仪用)、木桩(铁钉)1个、铁锤1把、记录和计算手簿、铅笔、计算器等。

四、实训任务与方法

交会定点测量常用于控制网的加密或实地中需要确定某些特定点位时,常用的方法有前方交会、后方交会和测边交会等。

1. 前方交会

如图4-2所示,前方交会即在已知控制点 A 和 B 上设站观测水平角 α 和 β,根据已知点 A、B 的坐标和观测角值 α 和 β,利用式(4-1)计算 P 点坐标。

$$\left.\begin{aligned} x_P &= \frac{x_A\times\cot\beta + x_B\times\cot\alpha + (y_B - y_A)}{\cot\alpha + \cot\beta} \\ y_P &= \frac{y_A\times\cot\beta + y_B\times\cot\alpha - (x_B - x_A)}{\cot\alpha + \cot\beta} \end{aligned}\right\} \quad (4\text{-}1)$$

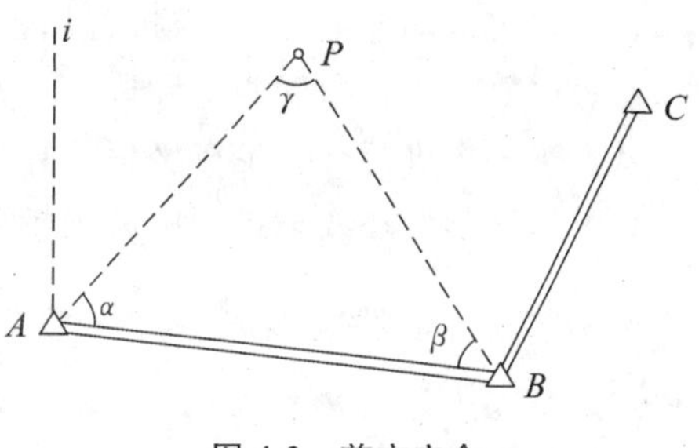

图4-2 前方交会

在实训场地上选定两已知控制点并进行角度观测,利用公式进行计算求取 P 点坐标。实际工作中为了检核 P 点坐标,可利用另一个已知控制点 C 点坐标和 C 点角度,结合 B 点坐标及其角度,利用公式(4-1)求取 P 点的第二次坐标值,两次坐标差值 e 应满足式(4-2)的要求。

$$e = \sqrt{(x'_P - x''_P)^2 + (y'_P - y''_P)^2} \leqslant 2\times 0.1\times M(\mathrm{mm}) \quad (4\text{-}2)$$

式中:M 为测图比例尺分母。

2. 后方交会

后方交会公式比较复杂,现在一般采用全站仪后交会功能可进行实地未知点坐标的测量,实训中在实地选定两个已知坐标点,在未知点上安置仪器,利用全站仪后方交会功能进行测站点的坐标测量。

3. 测边交会

测边交会又称三边交会,是一种利用长度交会定点的方法。如图4-3所示,A、B、C 三个已知点,P 为待求坐标点,a、b、c 为边长观测数据。

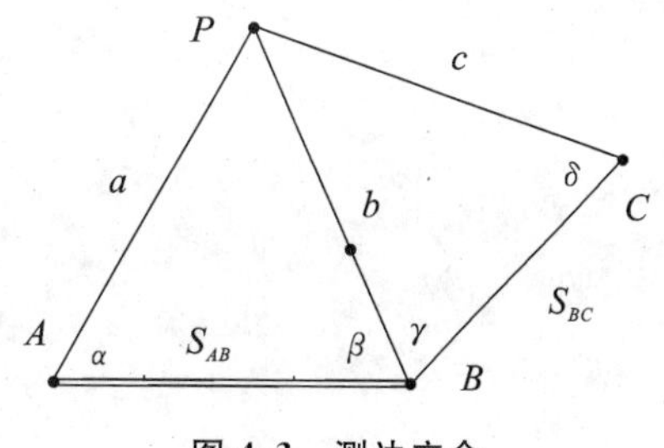

图4-3 测边交会

利用坐标反算公式计算 AB 和 BC 的边长,根据数学公式可求得 α、β、γ、δ 各角的值,然后利用前方交会公式(4-1)计算 P 点坐标值。利用 A、B 和 B、C 分别计算

的 P 点两次坐标值应满足式(4-2)计算的要求。

另外 P 点坐标也可采用支导线计算的方法求取。首先计算 AP 或 BP 或 CP 的坐标方位角,然后利用坐标增量计算。

五、实训注意事项

(1) 采用前方交会法公式计算点位坐标时,公式中点和角度一定要对应。

(2) 角度和边长测量时要按规范要求进行。

六、实训考核

(1) 在实训场地上,按要求进行加密点的选取、标定。

(2) 按要求进行角度测量和边长测量,并能满足规范要求。

(3) 按要求进行交会定点坐标计算。

(4) 根据学生在实训过程中的现场表现和记录计算情况进行综合评价。

七、实训问题与思考

(1) 在测边交会中如何采用支导线法进行未知点的坐标求取?

(2) 为什么在利用前方交会公式进行计算时,角度要与点位置相对应?

(3) 说明利用全站仪后方交会功能确定未知点坐标的过程。

项目5

地形图测绘

任务1 全站仪的认识与使用

一、实训目的

（1）认识全站仪的结构，了解全站仪的功能。

（2）练习使用全站仪，掌握其操作方法和过程。

二、实训学时与组织

（1）学时：室外实训2学时。

（2）组织：以小组为单位，每组4～6人，实训过程轮换操作，每人均需完成全站仪操作、读数、记录、计算和立镜等工作。

三、实训仪器与设备

全站仪1台、三脚架、单棱镜及棱镜杆等。

四、实训任务与方法

1. 认识全站仪

（1）熟悉全站仪外观及各部件名称，了解其作用，如图5-1所示。

（2）熟悉全站仪操作键盘，了解其功能，如表5-1所示。

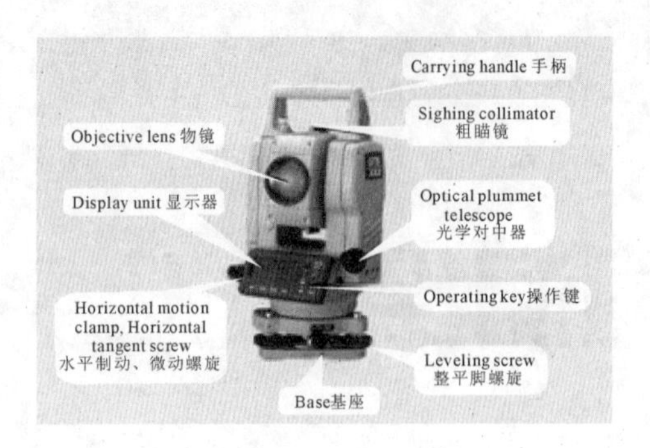

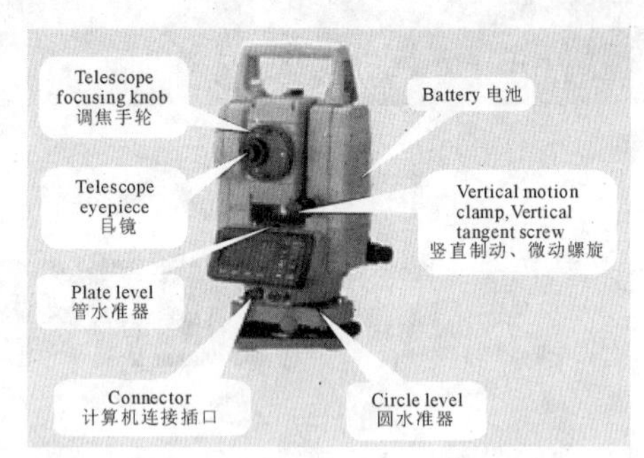

图 5-1　全站仪结构

表 5-1　全站仪操作键盘中各键功能

按键	键名	功　能	按键	键名	功　能
	坐标测量键	进入坐标测量模式	ESC	退出键	返回距离测量模式或上一层菜单 从常规测量模式直接进入数据采集模式或放样模式
	距离测量键	进入距离测量模式			
ANG	角度测量键	进入角度测量模式		电源键	开/关全站仪电源
MENU	菜单键	在菜单模式与其他模式之间切换。在菜单模式下可设置应用程序测量	F1 F4	功能键	对应于屏幕下方相关位置显示的功能

(3) 熟悉全站仪显示屏的显示内容,如表 5-2 所示。

显示屏使用液晶点阵显示,每屏 4 行,每行 20 个字符。通常情况下,上面三行显示测量数据,最下面一行显示对应于功能键的功能信息,这些功能信息随测量模式的不同而变化。

表 5-2　全站仪显示屏的显示内容

标　志	含　义	标　志	含　义
V	竖直角	*	电子测距系统在工作
HR	右水平角	m	单位:米
HL	左水平角	ft	单位:英尺
HD	水平距离	fi	单位:英尺与英寸
VD	垂直距离(高差)		
N	N 坐标		
E	E 坐标		
Z	Z 坐标		

2. 全站仪使用

1) 电池的安装

(1) 把电池盒底部的导块插入装电池的导孔中。

(2) 按电池盒的顶部直至听到“咔嚓”响声。

(3) 向下按解锁按钮,取出电池。

2) 全站仪安置

(1) 在实验场地上选择一点作为测站,另外两点作为观测点。

(2) 将全站仪安置于测站点位,并将其对中、整平。

(3) 在另外两点分别安置棱镜。

3) 开机初始化设置

开机后,根据提示,转动望远镜和照准部,随即听见一声鸣响,显示屏上显示出水平度盘和竖盘读数,此时初始化设置完成。

3. 角度测量

(1) 从显示屏上确定其是否处于角度测量模式,如果不是,则按操作键转换为角度测量模式。

(2) 用盘左位置瞄准左目标 A,按置零键,使水平度盘读数显示为 $0°00'00''$,顺时针旋转照准部,瞄准右目标 B,读取显示读数。

(3) 用同样方法可以进行盘右观测。

(4) 如果测竖直角,可在读取水平度盘的同时读取竖盘的显示读数。

4. 距离测量

(1) 从显示屏上确定其是否处于距离测量模式,如果不是,则按操作键转换为距离测量模式。

(2) 照准棱镜中心,按测量键完成距离测量,HD 为水平距离,SD 为倾斜距离。

5. 坐标测量

(1) 从显示屏上确定其是否处于坐标测量模式,如果不是,则按操作键转换为坐标测量模式。

(2) 输入测站点及后视点的坐标,以及仪器高、棱镜高。

(3) 瞄准后视点棱镜中心,设置后视方向,然后瞄准待测点棱镜中心,按测量键,显示屏上显示待测点的坐标,完成坐标测量。

6. 其他功能

有的全站仪还包括数据采集、坐标放样以及悬高测量、面积测量、对边测量、后方交会和道路放样等辅助功能,可以根据菜单进入程序后按提示和说明书,在教师指导下进行练习。

五、实训注意事项

(1) 运输仪器时,应采用原装的包装箱进行运输、搬动。

(2) 近距离将仪器和脚架一起搬动时,应保持仪器竖直向上。

(3) 拔出插头之前应先关机。在测量过程中,若拔出插头,则可能丢失数据。

(4) 换电池前必须关机。

(5) 仪器只能存放于干燥的室内。仪器充电时,周围温度应在 10～30 ℃之间。

(6) 全站仪是精密贵重的测量仪器,要防日晒、防雨淋、防碰撞震动。严禁将仪器直接照准太阳。

六、实训考核

(1) 指导教师在实训场地上给定全站仪功能的实训内容(或相关数据),进行如角度测量、距离测量、坐标测量、坐标放样等功能的练习。

(2) 根据学生的现场表现、操作熟练程度及数据记录计算情况进行综合成绩评定。常用功能操作练习记录记入表 5-3 中。

七、实训问题与思考

(1) 请正确指出全站仪各部件的名称及其作用。

(2) 简述全站仪的功能和使用过程。

(3) 简述全站仪使用过程中应注意的事项。

表 5-3　全站仪测量记录表

日期:＿＿＿＿＿　　天气:＿＿＿＿＿　　观测者:＿＿＿＿＿

仪器:＿＿＿＿＿　　小组:＿＿＿＿＿　　记录者:＿＿＿＿＿

测站	仪器高/m	棱镜高/m	竖盘位置	水平角测量		竖直角测量		距离测量			坐标测量		
				水平度盘读数	水平角	竖盘读数	竖直角	斜距/m	平距/m	高程/m	x/m	y/m	H/m

任务 2 极坐标法测定碎部点

一、实训目的

（1）了解极坐标法测定碎部点的理论方法。

（2）练习并掌握经纬仪或全站仪采用极坐标法测定碎部点的操作方法和过程。

二、实训学时与组织

（1）学时：室外实训 2 学时。

（2）组织：以小组为单位，每组 4～6 人，实训过程轮换操作，每人均需完成仪器观测、记录、计算和跑尺工作。

三、实训仪器与设备

经纬仪（或全站仪）1 台、量角器 1 套、三脚架、水准尺 2 根（或单棱镜组 2 组）、铅笔、计算器、记录手簿等。

四、实训任务与方法

1. 碎部点的选择

对于地物，碎部点应选在地物轮廓线的方向变化处，如房角点、道路转折点、交叉点、河岸线转弯点以及独立地物的中心点等。连接这些特征点，便得到与实地相似的地物形状。由于地物形状极不规则，一般规定主要地物凸凹部分在图上大于 0.4 mm 时均应表示出来，小于 0.4 mm 时，可用直线连接。基于实验的选点应该包括房角点、道路转折点、路灯、井盖等。

2. 极坐标法测碎部点

所谓极坐标法即在已知坐标的测站点上安置全站仪或经纬仪，在测站定向后，观测测站点至碎部点的方向、距离，进而确定碎部点的位置和高程。

1）求碎部点高程

用经纬仪或全站仪测定碎部点的方向与已知方向之间的夹角、测站点至碎部点的距离以及高差。根据测得的数据求碎部点高程。

2）安置仪器

将经纬仪或全站仪安置在测站点上，并量取仪器高。

3）定向

以后视方向定向，水平度盘置零。

4）观测

瞄准碎部点上标尺棱镜，测定水平角、水平距离和高差。

5）记录与计算

将测得的数据依次记入表5-4中，并进行计算。

表5-4　极坐标法测碎部点记录表

天气：＿＿＿＿＿仪器：＿＿＿＿＿气压：＿＿＿＿＿日期：＿＿＿＿＿

观测：＿＿＿＿＿记录：＿＿＿＿＿前视：＿＿＿＿＿后视：＿＿＿＿＿

测站及高程	仪器高	中丝读数（棱镜高）	竖盘读数	后视点	碎部点	水平角度	水平距离	高差	高程

五、实训注意事项

（1）用经纬仪测量碎部点时，视距测量的上下丝读数应精确到毫米。

（2）仪器高和中丝读数（棱镜高）精确到厘米即可。

（3）水平角度读数精确至分即可。

（4）测定一部分碎部点后应当利用已知点对方向和高程进行检核。

（5）碎部点应选在地物和地貌的特征点所在处。

六、实训考核

（1）指导教师在实训场地上指定地物，学生在已知控制点上，利用经纬仪或全站仪进行极坐标法测定地物特征点的位置和高程。

（2）根据学生的现场表现、操作熟练程度、测得碎部点的数量及数据记录计算质量进行综合成绩评定。

七、实训问题与思考

(1) 简述极坐标法测定碎部点的理论方法。

(2) 简述用经纬仪测定碎部点的方法和步骤。

任务 3 地貌特征点观测与等高线勾绘

一、实训目的

(1) 掌握地貌特征点位置的选取方法与观测过程。

(2) 掌握等高线勾绘的方法。

二、实训学时与组织

(1) 学时:室外实训 2 学时。

(2) 组织:以小组为单位,每组 3～4 人,实训过程轮换操作,每人均需完成地貌特征点选取、跑尺、记录和等高线勾绘等工作。

三、实训仪器与设备

全站仪(经纬仪)1 台、三脚架、单棱镜组 2 组(或水准尺 2 根)、绘图板、铅笔、计算器、记录手簿、三角板、绘图纸等。

四、实训任务与方法

1. 测定地貌特征点

利用实训场地上的测量控制点,测定各类地貌的特征点,如山顶点、鞍部最低点、谷口点、山脚点、地性线上的坡度变化点等。选定实地中地貌上坡度或方向变化的点并对其进行位置和高程的测定。

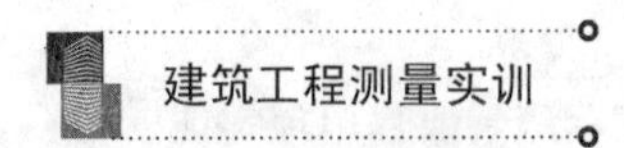

2. 展绘地貌特征点

将地貌特征点位置和高程展绘到图纸上。

3. 连接地性线

测定地貌后,不能马上生成等高线,必须先连接地性线。通常以实线连成山脊线,以虚线连成山谷线。

4. 求等高线的通过点

完成地性线的连接工作后,即可在同一坡度的两相邻点之间用比例内插法插入按等高距的等高线所在处的整数高程点。

5. 勾绘等高线

将相邻地性线上相同的高程点用平滑的曲线连接起来即为等高线。

五、实训注意事项

(1) 地貌特征点应选在坡度变化处,最高点和最低点也应该在此处进行选取。
(2) 连接地性线时应注意山脊线用实线,山谷线用虚线。
(3) 用比例内插法在图上插入等高线通过的点时应注意等高距的大小。

六、实训考核

(1) 在实训场地,教师指定地貌位置,学生进行地貌特征点的选取和测定。
(2) 对地貌特征点选取和测定一定数量后,进行等高线的勾绘,以学生的现场表现和对地貌特征点选取和测定的熟练程度,以及等高线勾绘的质量进行综合成绩评定。

七、实训问题与思考

(1) 何谓地貌?试讲述地貌的基本类型。
(2) 在地形图上主要有哪几种等高线?并说明其含义。
(3) 如何利用比例内插法进行等高线通过的点的求取?

项目 6

测设工作

任务 1 极坐标测设点位

一、实训目的

掌握极坐标法测设的方法及过程。

二、实训学时与组织

(1) 学时:室外实训 2 学时。

(2) 组织:以小组为单位,每组 4 人,每人独立完成四个点的测设数据计算,并轮换配合进行水平角测设及距离测设工作。

三、实训仪器与设备

光学经纬仪 1 台、钢尺 1 把,三脚架、花杆 2 根、铅笔、计算器、记录手簿等。

四、实训任务与方法

1. 测设数据计算

已知点及测设点如图 6-1 所示,M、N 为已知控制点,A、B、C、D 四点为待测设点。

各点坐标为 M(395.000,390.340),N(375.160,370.134),A(400.000,400.000),B(400.000,470.000),C(385.000,470.000),D(385.000,400.000)(可根据实训场地,另行选取坐标数据)。

根据两个已知控制点 M、N 的已知坐标及待测点 A 的设计坐标,计算 A 点测设数据水平角 β 和水平距离 D_{MA}。

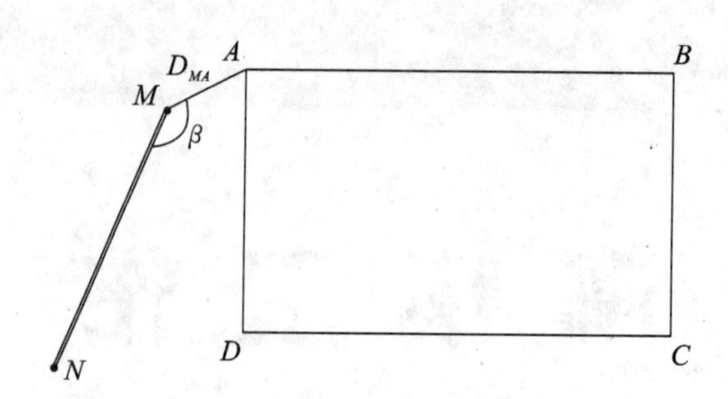

图 6-1　极坐标法放样点位

方位角　$\alpha_{MN}=\arctan\dfrac{\Delta y_{MN}}{\Delta x_{MN}}$，　$\alpha_{MA}=\arctan\dfrac{\Delta y_{MA}}{\Delta x_{MA}}$

水平角　$\beta=\alpha_{MN}-\alpha_{MA}$

水平距离　$D_{MA}=\sqrt{(x_M-x_A)^2-(y_M-y_A)^2}=\sqrt{\Delta x_{AM}^2+\Delta y_{AM}^2}$

B、C、D各点的测设数据计算方法与A点相同。

2. 测设步骤

(1) 设置控制点，在实训场地确定M、N点。

(2) 在测站点M点安置经纬仪，将其对中、整平。

(3) 经纬仪瞄准后视点N点，读取水平度盘读数α_1。

(4) 计算待测设点A的应有水平度盘读数$\alpha_2=\alpha_1-\beta$。

(5) 转动照准部，找到待测设点A的水平度盘读数大致为α_2的方向，旋紧水平制动螺旋，用水平微动螺旋精确对准水平度盘读数α_2。在此方向即为MA方向。

(6) 沿MA方向，自M点用钢尺量取水平距离D_{MA}，定出点A的位置，设立桩点。

(7) 变换钢尺起点重新量取D_{MA}，再一次确定A点位置，取两次中点作为A点最终位置。

(8) 同上步骤，依次完成B、C、D点的测设工作。

(9) 检核各边长，其值与利用坐标法算得的距离应符合限差要求(一般要求为1/2 000)。

五、实训注意事项

(1) 计算待测设点测设数据时，若水平角β计算值为负值，则应加上360°。

(2) 反算坐标方位角时，应注意直接计算结果与实际坐标方位角的关系，并检核其正确与否。

(3) 钢尺丈量时，应保持尺身水平，以确保量取的为水平距离。

六、实训考核

(1) 测设数据计算的正确性与熟练程度。

(2) 点位测设过程和熟练程度考核。每人完成A、B、C、D四点测设，并进行检核，看其是否合格。一般角度测设的限差不大于±40″，距离测设的相对误差不大于1/3 000。

七、实训问题与思考

(1) 极坐标测设方法适用于何种测设条件?

(2) 若仪器安置于已知点 N 处,则测设数据计算与测设过程是否有不同之处?

任务 2 全站仪坐标放样

一、实训目的

熟练掌握全站仪坐标放样功能的使用方法。

二、实训学时与组织

(1) 学时:室外实训 2 学时。

(2) 组织:以小组为单位,每组 3～4 人,实训过程轮换操作,每人均完成全站仪操作读数、棱镜对点定位工作。

三、实训仪器与设备

全站仪 1 台、三脚架、棱镜 2 套,小钢尺 1 把、铅笔、计算器、记录手簿等。

四、实训任务与方法

1. 整理测设数据

已知点及放样点如图 6-1 所示,M、N 为已知控制点,A、B、C、D 四点为待放样点。各点坐标同任务 1 中各测设点坐标(可根据实训场地另行选取坐标数据)。

2. 测设步骤

(1) 在实地确定控制点 M、N。

(2) 设置测站点(M 点),将全站仪安置在 M 点,并将其对中、整平,在 N 点安置棱镜。

(3) 选择菜单中“坐标放样”功能。

(4) 设置测站,量取仪器高度,输入测站点 M 的坐标及仪器高。

(5) 定向,输入后视点 N 的坐标,并照准 N 点。

(6) 输入放样点 A 坐标及棱镜高。

(7) 转动照准部,全站仪实时显示此时方向与放样方向的差值。当差值为 0 时,全站仪照准的方向即为所放样点 A 的方向。

(8) 指挥扶棱镜人员左右移动,当棱镜中心与十字丝重合时,按下“测距”键,全站仪测量并计算出此时棱镜距所放样点的距离差值,并在屏幕上显示。根据此距离差值,指挥扶棱镜人员前后调整,再次按下“测距”键。反复多次,直至显示的距离差值为 0 时,棱镜所在位置即为 A 点位置,标定桩点。

(9) 同上步骤,依次完成 B、C、D 点的测设。

五、实训注意事项

(1) 全站仪属于精密仪器,在使用过程中要十分细心,以防损坏。阳光较强时要给全站仪打伞防晒。

(2) 在测距方向上不应有其他的反光物体(如其他棱镜、水银镜面、玻璃等),以免影响测量结果。

(3) 在立棱镜时,应注意使棱镜杆上的水准气泡居中。

(4) 完成 A、B、C、D 四点测设后,采用坐标测量的方法,测定所放样点位的坐标并进行检核。

六、实训考核

(1) 全站仪坐标放样功能操作考核。

(2) 操作正确性和熟练程度,测设完成后需进行检核,看其是否合格,最后进行综合评价。

七、实训问题与思考

(1) 坐标放样时,若全站仪与待测点间无法通视,则此点该如何测设?

(2) 全站仪坐标放样和坐标测量功能有什么区别,能否互相替换使用?

任务 3 已知高程和坡度测设

一、实训目的

(1) 掌握已知高程测设的基本方法。

(2) 掌握已知坡度测设的基本方法。

二、实训学时与组织

(1) 学时:室外实训2学时。

(2) 组织:以小组为单位,每组3~4人,每人独立完成测设数据计算,实训过程轮换操作,每人均需完成水准仪操作、读数、扶尺工作。

三、实训仪器与设备

DS3微倾式水准仪1台、三脚架、水准尺2根、木桩、铅笔、计算器、记录手簿等。

四、实训任务与方法

1. 已知高程放样

(1) 如图6-2所示,已知水准点A的高程H_A及待测点B的设计高程H_B。

(2) 安置仪器,在A点上立水准尺,读取后视读数α。

(3) 计算测设数据。

水准仪视线高程:

$$H_i = H_A + \alpha$$

待测点B上水准尺应有的读数:

$$\beta = H_i - H_B$$

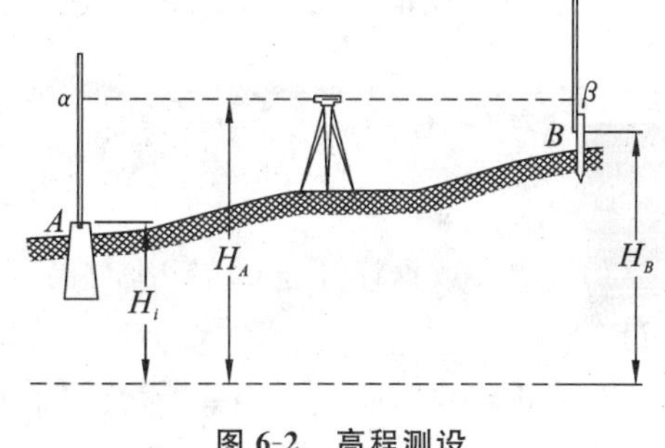

图6-2 高程测设

(4) 在B点处立水准尺,指挥扶尺者将尺靠在木桩一侧,竖直上下移动水准尺,当水准仪读数恰为β时,沿尺底在木桩上标注划线,即为B点的设计高程H_B。

(5) 按以上步骤,进行其他已知设计高程点的测设工作,并将数据记录在表6-1中。

2. 已知坡度放样

1) 水准仪法

给定已知点A,其高程为H_A,设计的坡度为i,设计坡度的终点为B,用钢尺量出AB之间的水平距离D,根据公式,计算B点的设计高程,如图6-3所示。

(1) 已知水准点A的高程,待测设坡度的两端点A、B,A点的设计高程为H_A,A、B两点间水平距离D及设计坡度i均已知,计算B点的高程:$H_B = H_A + iD$。

(2) 在AB方向上每间隔距离d打下一木桩,定为中间点1、2、3……

(3) 用高程测设的方法将设计坡度线两端A、B的设计高程H_A、H_B测设于实地。然后将水准仪安置在A点,并量取仪器高i_A(i_A为A点设计高程到仪器中心的铅垂距离),安置时使一个

脚螺旋在 AB 方向上，另两个脚螺旋的连线大致垂直于 AB 方向线，照准 B 点上的水准尺，旋转 AB 方向上的脚螺旋，使视线在 B 尺上的读数等于仪器高 i_A，此时水准仪的倾斜视线与设计坡度线平行。

(4)在 A、B 之间各桩点上立水准尺，当上下移动水准尺读数都等于仪器高 i_A 时，在尺底画线，各画线的连线即为所要测设的坡度线。记录见表 6-2。最后检查各点的实际高程。

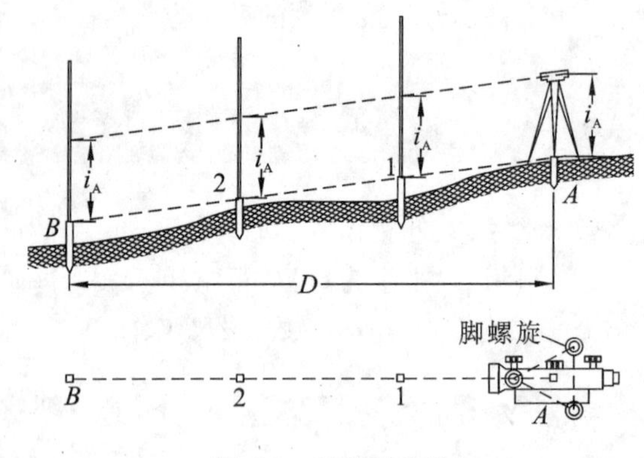

图 6-3　测设坡度线

水准仪法测设已知高程也可采用水平视线法，即中间每个桩点处尺上读数不同，按坡度和距离大小变化尺上的读数。

2) 经纬仪法

以上水准仪法适用于坡度较小的情况，当坡度较大时，可用经纬仪进行测设，方法基本相同。如图 6-3 所示，将经纬仪安置在 A 点上，根据坡度值计算出竖直角 α，在视线方向上，将经纬仪视线倾斜角调为 α，坡度线的尺上读数方法与水准仪法相同。

坡度的测设也可使用全站仪来测设。

五、实训注意事项

(1) 测设数据计算正确与否，对高程的测设非常重要，必须计算检核无误，方可用于现场测设。

(2) 前后视距应大致相等，水准尺立尺必须竖直。

(3) 注意消除视差。

六、实训考核

(1) 考查每人的高程测设操作，并采用高程测量的方法，测定所放样点位的高程并进行检核。

(2) 在指定场地进行坡度线测设的考核。综合评定实训成绩。

七、实训问题与思考

(1) 若所测设点与已知点高差过大，则该如何进行测设？

(2) 欲测设已知坡度线 AB，已知 A 点设计高程 $H_A = 18.000$ m，AB 之间的水平距离为 8 m，设计坡度 $i = +0.3$，求 B 点的设计高程。

表 6-1　高程测设记录表

日期：________________　　天气：________________　　观测者：________________

仪器：________________　　小组：________________　　记录者：________________

测站	水准点高程/m	后视读数/m	视线高程/m	待测设点设计高程/m	测设点应有读数/m	检　测	
						读数/m	误差/m

表 6-2　坡度测设记录表

日期：________________　　天气：________________　　观测者：________________

仪器：________________　　小组：________________　　记录者：________________

测　站　点		另一端点高程/m	仪器高/m	中 间 桩 点		检核误差/mm
点号	高程/m			点号	实际读数	

任务 4 圆曲线测设

一、实训目的

(1) 了解圆曲线测设数据计算方法。

(2) 能够根据测设数据进行圆曲线详细测设。

二、实训学时与组织

(1) 学时:室外实训 2 学时。

(2) 组织:以小组为单位,每组 3~4 人,每人独立完成测设数据准备工作,实训过程轮换操作,每人均需完成全站仪操作读数、棱镜对点定位等工作。

三、实训仪器与设备

经纬仪 1 台、全站仪 1 台、三脚架、棱镜 2 根,钢尺 1 把、铅笔、计算器、记录手簿等。

四、实训任务与方法

1. 偏角法测设圆曲线

(1) 设置路线交点,测定转角 α,选定圆曲线半径 R。

(2) 根据图 6-4 计算圆曲线主点要素切线长、曲线长、外矢距及主点桩号,将数据填入表 6-3 中。

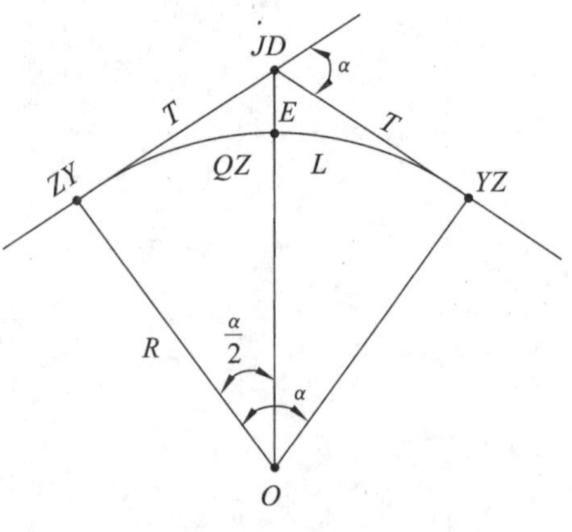

图 6-4 圆曲线主点及要素

$$T=R\cdot\tan\frac{\alpha}{2}$$

$$L=R\cdot\alpha\cdot\frac{\pi}{180^\circ}$$

$$E=R\left(\sec\frac{\alpha}{2}-1\right)$$

$$ZY_{里程}=JD_{里程}-T$$

$$QZ_{里程} = ZY_{里程} + \frac{L}{2} = YZ_{里程} - \frac{L}{2}$$

$$YZ_{里程} = QZ_{里程} + \frac{L}{2} = ZY_{里程} + L$$

(3) 根据图 6-5 所示计算圆曲线上各待测设中桩的测设数据并将数据填入表 6-3 中，一般采用整桩号法。

偏角值：

$$\delta = \frac{\varphi}{2} = \frac{l}{2R} \times \frac{180^\circ}{\pi}$$

$$\delta_1 = \frac{\varphi_1}{2} = \frac{l_1}{2R} \times \frac{180^\circ}{\pi}$$

$$\delta_2 = \delta_1 + \delta$$

$$\delta_3 = \delta_1 + 2\delta$$

$$\vdots$$

$$\delta_{n-1} = \delta_n + \delta$$

$$\delta_n = \frac{\varphi_n}{2} = \frac{l_n}{2R} \times \frac{180^\circ}{\pi}$$

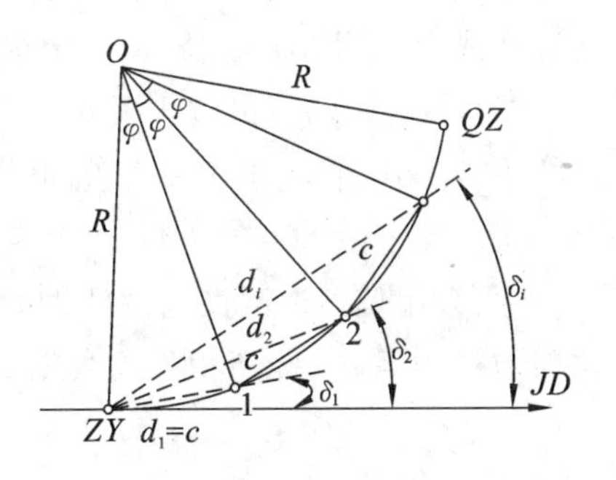

图 6-5　偏角法测设圆曲线

表 6-3　偏角法测设圆曲线记录表

日期：________　天气：________　观测者：________

仪器：________　小组：________　记录者：________

半径/m		JD	
转角		ZY	
T(切线长)		QZ	
		YZ	

桩号		偏角值 Δ (° ′ ″)	弦长 C/m

(4) 圆曲线主点测设：将全站仪安置于交点上，照准后方向所立棱镜，测设切线长 T，确定 ZY 点；照准前方向，测设切线长 T，确定 YZ 点；确定分角线方向，测设外矢距长 E，确定 QZ 点。

(5) 圆曲线详细测设过程如下。

① 安置经纬仪于曲线起点(ZY)上，用盘左位置瞄准交点(JD)，将水平度盘读数设置为 0°00′00″。

② 水平转动照准部，使水平度盘读数为拟测设中桩 1 的偏角值，然后，从 ZY 点开始，沿望远镜视线方向测设出弦长，定出中桩点 1，即为该点桩位置。

③ 同步骤②，再继续水平转动照准部，依次使水平度盘读数为其余各中桩偏角值，从上一测设的中桩点开始，测设相邻中桩间弦长与望远镜视线方向相交点，定出圆曲线其他中桩位置。

④ 测设至曲线终点(YZ)并进行检核。

注：采用偏角法测设圆曲线时，由于误差累积，一般从 ZY 点和 YZ 点起各测设一半曲线。实训中可参照表 6-4 所提供的数据。

表 6-4　偏角法测设圆曲线

半径	45 m	JD	K_3+182.760
转角	25°(右转)	ZY	K_3+167.760
T(切线长)	9.976 m	QZ	K_3+182.506
		YZ	K_3+197.251

桩　号		偏角值 Δ (°	′	″)	弦长 C/m
JD	K_3+182.760				
ZY	K_3+172.784		0		0
1	K_3+175.000	1	24	39	2.216
2	K_3+180.000	4	35	38	7.208
QZ	K_3+182.601	6	14	59	9.798
3	K_3+185.000	7	46	37	12.179
4	K_3+190.000	10	57	36	17.111
YZ	K_3+192.419	12	30	00	19.480

2. 坐标法测设圆曲线

(1) 设置路线交点，测定转角 α，选定圆曲线半径 R，确定 JD 的坐标为(X_{JD}、Y_{JD})，交点前后直线边的方位角分别为 A_1、A_2。

(2) 计算圆曲线主点要素切线长、外矢距和曲线长，将数据填入表 6-5 中。

表 6-5　坐标法测设圆曲线记录表

日期：________　　天气：________　　观测者：________

仪器：________　　小组：________　　记录者：________

半径/m		JD	
转角		ZY	
T(切线长)		QZ	
		YZ	
桩号		X 坐标/m	Y 坐标/m

(3) 计算圆曲线上各待测设点的坐标，将数据填入表 6-5 中。

$$X' = R\sin\left(\frac{l'}{R}\frac{180^\circ}{\pi}\right) \qquad Y' = R - R\cos\left(\frac{l'}{R}\frac{180^\circ}{\pi}\right)$$

式中：l'——圆曲线上任意点至 $ZY(YZ)$ 点的弧长。

$ZY \sim QZ$ 段的各点的坐标：

$$X = X_{ZY} - X'\cos A_1 - \zeta Y'\sin A_1 \qquad Y = Y_{ZY} + X'\sin A_1 + \zeta Y'\cos A_1$$

$YZ \sim QZ$ 段的各点的坐标：

$$X = X_{YZ} - X'\cos A_2 - \zeta Y'\sin A_2 \qquad Y = Y_{YZ} - X'\sin A_2 + \zeta Y'\cos A_2$$

式中：ζ——路线转向，右转时 $\zeta=1$，左转时 $\zeta=-1$。

(4) 中桩测设。

① 将全站仪架设于交点，向后交点方向测设切线长，即可确定圆曲线起点(ZY)。

② 将全站仪设于直圆点(ZY)即为测站点，棱镜设于交点(JD)即为后视点，根据计算所得各中桩的坐标数值，按全站仪坐标放样的方法，依次测设圆曲线上的各点(要求先测设 QZ 和 YZ

两点，再测设其他各点）。

③ 测量交点（JD）至曲线终点（YZ）间的距离即切线长（T）并进行检核。

注：采用坐标法测设圆曲线时，需在实训之前完成测设数据的计算工作，圆曲线转角及半径数值、交点坐标等数据应结合实训场地具体情况选用适当数值，也可参照表 6-6 所提供的数据进行测设实训。

表 6-6　坐标法测设圆曲线

半径	45 m	JD	$K_3+182.760$
转角	25°（右转）	ZY	$K_3+167.760$
T（切线长）	9.976 m	QZ	$K_3+182.506$
		YZ	$K_3+197.251$
桩号		X 坐标/m	Y 坐标/m
JD	$K_3+182.760$	500.000	500.000
ZY	$K_3+172.784$	492.946	492.946
1	$K_3+175.000$	494.473	494.551
2	$K_3+180.000$	497.618	498.435
QZ	$K_3+182.601$	499.078	500.587
3	$K_3+185.000$	500.313	534.971
4	$K_3+190.000$	502.524	507.125
YZ	$K_3+192.419$	503.412	509.375

五、实训注意事项

（1）注意数据计算的正确无误。

（2）测设完各桩后要对各桩点进行位置或距离检核。

（3）实训中可根据场地实际情况进行数据的调整。

六、实训考核

现场进行圆曲线上 1～2 个细部点的计算和测设工作，根据实际操作的正确性和熟练程度对学生进行评定。

七、实训问题与思考

（1）正确理解整桩号法。

（2）圆曲线的主点有哪几个？

（3）对圆曲线细部点的测设你可以想出别的方法吗？

项目7 建筑工程测量

任务1 建筑基线和建筑方格网的测设

一、实训目的

(1) 了解建筑基线和建筑方格网的概念与应用范围。

(2) 会根据指定条件布设建筑基线和建筑方格网。

(3) 能根据给定条件测设一条基线与一个田字方格网。

二、实训学时与组织

(1) 学时:室外实训4学时。

(2) 组织:以小组为单位,每组4～5人,组长为负责人,实训过程轮换操作,每人均需完成一次观测、记录、计算工作。

三、实训仪器与设备

DJ6型光学经纬仪1套、铅笔、计算器、记录板、记录手簿等。

四、实训任务与方法

1. 测设建筑基线

1) 确定已知建筑基线上点的坐标(以三点直线型建筑基线为例)

从建筑设计图上确定建筑基线位置,并确定建筑基线点的施工坐标。假如实地有测量控制点 A、B,A 点施工坐标为(130.230 m,150.660 m),AB 坐标方位角 $\alpha_{AB}=345°00'00''$。建筑基线点施工坐标为Ⅰ(100.230 m,130.660 m),Ⅱ(100.230 m,150.660 m),Ⅲ(100.230 m,170.660 m),如图 7-1 所示。

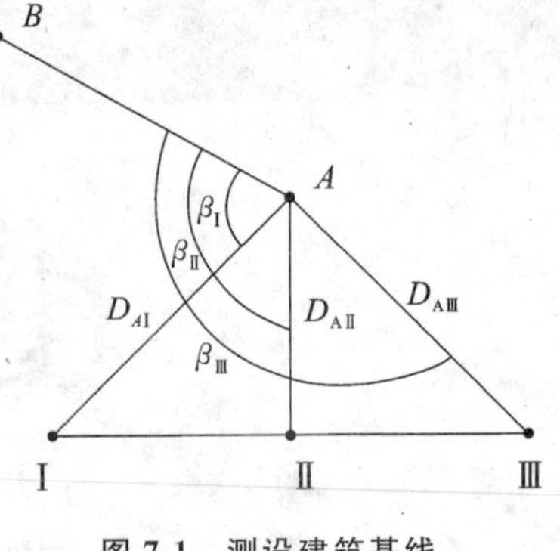

图 7-1 测设建筑基线

2) 计算测设数据

根据已知点与建筑基线上点的坐标值,通过计算得出测设需要的数据:βⅠ,βⅡ,βⅢ;$D_{AⅠ}$,$D_{AⅡ}$,$D_{AⅢ}$。

3) 测设

(1)在实训场地选定直线 AB,在 A 点安置经纬仪。

(2) 以 AB 方向为零方向,用盘左位置测设 βⅠ,得 AⅠ方向线。在 AⅠ方向线上用钢尺量取距离 $D_{AⅠ}$,即确定为Ⅰ′点。用同样方法确定Ⅱ′、Ⅲ′点。由此测设出基线Ⅰ′Ⅱ′Ⅲ′。

4) 检验与调整

精确测定∠Ⅰ′Ⅱ′Ⅲ′,若角值与 180°之差超过±15″(首级控制网为±5″),对点位进行调整,直至符合误差要求为止。角度符合误差要求后,还要检验Ⅰ′Ⅱ′和Ⅱ′Ⅲ′的距离,误差应不大于 1/20 000(首级控制网为 1/30 000)。若超差,以Ⅰ′点为基准,按理论长度调整Ⅱ′点和Ⅲ′点的位置。

角度和距离需要反复调整,直到完全满足规定的精度要求为止,最后测设出建筑基线Ⅰ-Ⅱ-Ⅲ。

2. 测设建筑方格网

1) 主轴线测设

按建筑基线Ⅰ、Ⅱ、Ⅲ点测设,在Ⅱ点安置经纬仪,瞄准Ⅰ点,向左右分别测设 90°,在方向线上测设距离,得Ⅳ′、Ⅴ′点。对角度与距离进行检验,若超限则进行调整,得Ⅳ、Ⅴ点。此时,建筑方格网主轴线测设完毕。

2) 方格网点测设

在Ⅰ点和Ⅴ点分别安置经纬仪,向左右分别精确测设 90°,以角度交会方法确定出 O'点,然后对 O'点进行角度检验、调整,符合误差要求后,确定为网格 O 点。以此类推,再测设出 P、Q、R 点。至此田字形网格测设完毕,然后自Ⅱ点向Ⅰ、Ⅲ、Ⅳ、Ⅴ点量取方格网的规定边长,确定轴线上的点,再利用方向交会法得到建筑方格网内的各点(如 1 点)。根据工程需要还可以田字形网格为基础进行加密。

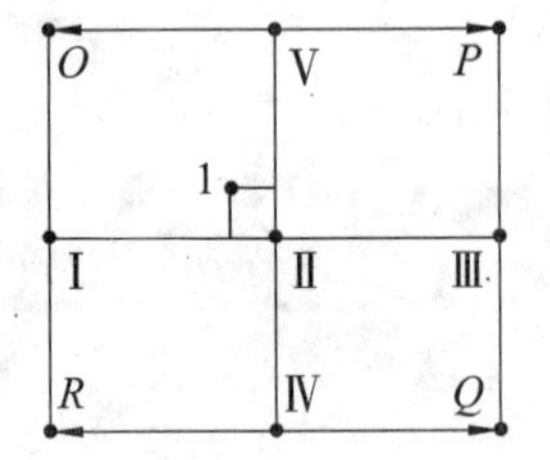

图 7-2 测设建筑方格网

五、实训注意事项

(1) 场地选择要充分考虑实训项目的整体性。

(2) 标准方向 AB 应尽量与实地方向一致。

(3) 注意测设点位的保存与恢复,以保证整个实训项目的延续性。

六、实训考核

(1) 在教师指定实训场地上进行建筑基线与建筑方格网的测设工作。
(2) 测设数据计算的正确性。
(3) 建筑基线点位测设与调整的准确性及熟练程度。
(4) 建筑方格网主轴线点位测设与调整的准确性及熟练程度。
(5) 根据以上实训情况综合评定成绩。

七、实训问题与思考

(1) 建筑基线点为什么不能少于3个?
(2) 建筑方格网主轴线如何选择?
(3) 建筑方格网主轴线确定后,方格网点是怎样确定的?

任务2 建筑物倾斜与沉降观测

一、实训目的

(1) 了解建筑物倾斜与沉降观测的重要性。
(2) 掌握建筑物倾斜观测的要点与方法。
(3) 掌握建筑物沉降的观测程序和数据计算方法。

二、实训学时与组织

(1) 学时:室外实训4学时。

(2) 组织:以小组为单位,每组4~5人,组长为负责人,实训过程轮换操作,每人均需完成一次观测、记录、计算工作。

三、实训仪器与设备

DJ6型光学经纬仪1套、DS05水准仪1套、精密水准尺1对、盒尺、铅笔、计算器、记录板、记录手簿等。

四、实训任务与方法

1. 建筑物倾斜观测

1）选场地

在校园内选一高层建筑物，以一个房角（如图 7-3 中的 P 点）开阔处为观测场地。

2）观测

在建筑物左面，于前侧墙面延长线上距离前墙面稍远处（一般是建筑物 1.5 倍高度左右）安置经纬仪，用盘左、盘右位置分别瞄准上部房角 P 点，向下投影得 P_1 点，P_1 点为 P 点在地面的投影点，用盒尺量取 $P'P_1$ 的距离 a。同理在建筑物前面作 P 点向下投影得 P_2 点，量取 $P'P_2$ 的距离 b。

3）计算

在左面观测，前墙面向前倾斜，倾斜量为 a；在前面观测，左墙面向左倾斜，倾斜量为 b。

总倾斜量：

$$\Delta = \sqrt{a^2 + b^2}$$

倾斜值：

$$i = \tan\theta = \Delta / h$$

式中：h——建筑物高度。

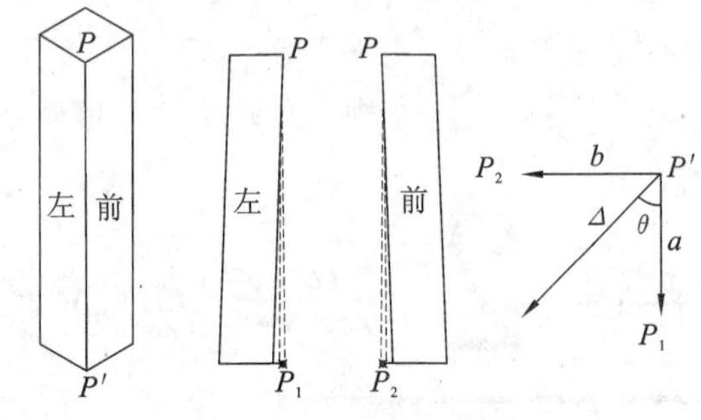

图 7-3 建筑物倾斜观测

2. 建筑物沉降观测

1）查找建筑物沉降观测点

在校园内选取一幢近三年竣工的建筑物，查找建筑物墙体或柱上的沉降观测点，将其编号并做好记录。沉降观测点一般设在房屋四角、变形缝两侧，每隔 15 m 一个，距离室外地面高 0.5～1 m。

2）查找水准点

在建筑物附近查找水准点，若没有，可假定一水准点。

3）布设水准路线

以假定水准点为起点，布设一条闭合水准路线。

4）观测

按二等水准测量技术要求施测，计算出建筑物各沉降观测点的高程。

5）沉降分析

把观测数据填于表 7-1。若有条件可有计划地进行一个周期沉降观测，并汇总沉降观测结果，作出荷载-沉降量-时间关系曲线（见图 7-4），并进行建筑物沉降分析，为建筑物安全使用与生产提供科学依据。

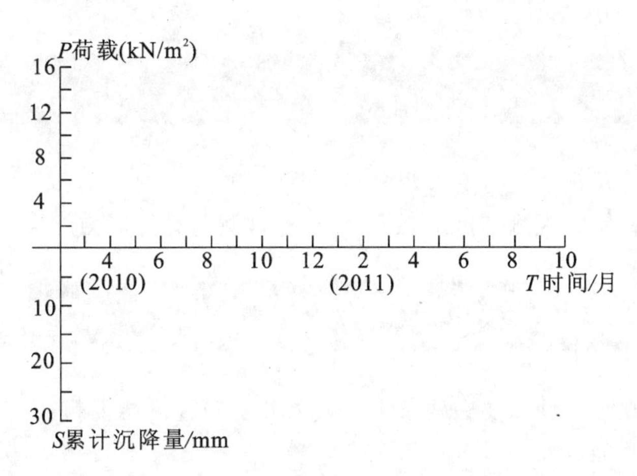

图 7-4　P-S-T 关系曲线

表 7-1　沉降观测记录表

工程名称：____________　记录：____________　计算：____________　校核：____________

观测次数	观测时间	观测点沉降情况						施工进展情况	荷载情况/(kN/m²)
		001			002				
		高程/mm	本次下沉/mm	累计下沉/mm	高程/mm	本次下沉/mm	累计下沉/mm		
1									
2									
3									
4									
5									
…									
备注：									

五、实训注意事项

(1) 仪器、工具要经过校正后方可使用。

(2) 建筑物倾斜观测，若时间、场地允许可观测建筑物的两个角。

(3) 沉降观测要做到站站清。

(4) 沉降观测应做到仪器、人员、路线固定。

六、实训考核

(1) 对教师指定的建筑物进行变形观测与计算。

(2) 根据对建筑物倾斜观测与沉降观测点布设、观测与计算能力综合评定成绩。

七、实训问题与思考

(1) 建筑物倾斜观测为什么要在两条垂直线上分别安置仪器观测?

(2) 沉降观测时水准点如何设置?

(3) 简述建筑物沉降观测点的布设原则。

(4) 说明建筑物沉降观测的时间要求。

模块3

建筑工程测量课程综合实训

项目 8

经纬仪地形图测绘

一、实训目的

练习用经纬仪完成制定范围的地形图测绘。

二、实训学时与组织

(1) 学时:室外集中实训 40 学时。

(2) 组织:以小组为单位,每组 4～6 人,实训过程轮换操作,每人均需完成经纬仪操作、读数、记录、计算、绘图和跑尺等工作。

三、实训仪器与设备

经纬仪 1 台、量角器 1 套、三脚架、绘图板、铅笔、橡皮、计算器、记录手簿、三角板、绘图纸等。

四、实训任务与方法

1. 图根控制

在实训场地上,采用图根导线和图根水准的方法进行图根控制测量,必要时对交会定点进行加密,具体要求和步骤等见项目四图根导线和交会定点测量内容。

2. 测图前准备工作

1) 资料准备

包括收集测图规范、地形图图式、控制点成果以及任务书和技术计划书等。

2) 测图用的仪器与工具

测图过程工具或用品较多,测图前应认真准备,以免遗漏,测图前应对测图仪器按规定进行检查、检验与校正,使其能满足测图要求。

3) 图纸准备

一般包括图纸准备、绘制坐标格网和展绘控制点。

(1) 图纸的准备。

测图所用的图纸目前普遍采用一面打毛的聚酯薄膜,其厚度为0.07～0.1 mm,并经过热定型处理。它具有伸缩性小、无色透明、不怕潮湿等优点,便于使用和保管。

(2) 绘制坐标格网。

测图前,要将控制点展绘在图纸上。为能准确展绘控制点,首先要在图纸上精确地绘制直角坐标格网,大比例尺地形图采用10 cm×10 cm的方格网。坐标格网绘制可采用绘图仪、专用格网尺等工具进行。

坐标格网绘制好后,必须进行检查,检查的内容包括:方格网的长对角线长度与其理论值之差应小于0.3 mm;各小方格的顶点应在同一条对角线上,小方格的边长与其理论值之差应小于0.1 mm;图廓的边长与其理论值之差应小于0.2 mm。检查后,若发现超限,必须重新进行绘制。

(3) 展绘控制点。

在展绘控制点时,首先确定待展点所在的方格。各点展绘好后,必须进行检查,除检查各点坐标外,还须采用比例尺在图上量取各控制点之间的距离与已知的边长(可由控制点坐标反算)相比较,其最大误差不得超过图上0.3 mm,否则应重新展绘。所有控制点检查无误后,注明其点名、点号和高程。

3. 经纬仪与半圆仪联合测绘

1) 安置仪器

在测站上安置经纬仪,对中整平后量取仪器高,在另一图根点上立标志,将经纬仪置盘左位置瞄准该标志并将水平度盘度数配置成0°00′00″。在图纸上的测点位置扎大头钉以固定量角器的中心位置。

2) 碎部点测量与展绘

如图8-1所示,跑尺员将视距尺立在地形、地物的特征点上,观测员用望远镜瞄准视距尺后读取水平度盘、竖直度盘读数及上、中、下丝在视距尺上的读数,并记入表8-1。用量角器依观测所得之水平角找出碎部点所在方向,在该方向上用比例尺量取水平距离即定出碎部点的平面位置。

3) 计算高程

求出视距间隔和竖直角后,通过计算求出水平距离和高差,进而求出碎部之高程,然后注在碎部点右侧。

4) 勾绘地形地物

在测绘出若干碎部点之后,应及时勾绘地形等高线和地物轮廓线及各种符号。

5) 地形图的检查

为了确保地形图质量,除测绘过程中要加强检查外,在地形图测完后,必须对成图质量做全面检查。

6) 地形图的整饰

地形图经过修正后,按《地形图图式》要求进行清绘和整饰,使图面更为清晰美观。

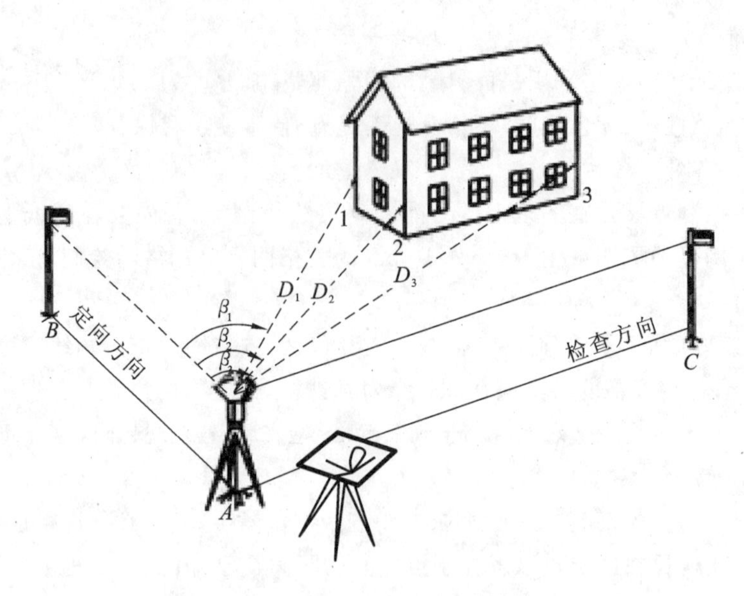

图 8-1　碎部点测量与展绘

五、实训注意事项

（1）在碎部点测量过程中，应按要求综合取舍地物地貌特征点，避免碎部点数量过多或过少。

（2）绘图过程注意保持图面整洁，地形图整饰时应将多余的点和线及时擦去。

（3）测定 20 个碎部点左右应检查定向点和高程，确定水平读数和高程没有变化。

六、实训考核

（1）在实训场地，教师指定地物和地貌，学生采用经纬仪测图法进行地物地貌特征点的选取和测定。

（2）测定数据并记录后，进行碎部点的勾绘，形成地物的图上形状和地貌的等高线，最后进行地形图的清绘和整饰，形成符合要求的地形图。

（3）根据学生个人的现场表现、小组测图的配合熟练程度、地形图的质量，以及上交的记录、计算资料和日志报告等进行个人和小组成绩的综合评定。

七、实训问题与思考

（1）简述测图前的准备工作。

（2）简述经纬仪测绘法测图的步骤。

表 8-1 地形测量记录

测站:＿＿＿＿＿ 测站高程:＿＿＿＿＿ 日期:＿＿＿＿＿ 观测者:＿＿＿＿＿

仪器:＿＿＿＿＿ 仪器高 i:＿＿＿＿＿ 班组:＿＿＿＿＿ 记录者:＿＿＿＿＿

视距	目标高 v	竖盘读数	垂直角 α	高差主值	改正数 $i-v$	高差 h	水平角 β	水平距离 D	高程 H

附:经纬仪地形图测绘技术设计方案(参考格式)

一、任务概述

说明任务来源、测区范围、地理位置、行政隶属、成图比例尺、任务量等基本情况。

二、测区概况及已有资料情况

1. 测区概况

说明测区自然地理概况,可包括测区地理特征、居民地、交通、气候情况和困难类别等。

2. 已有资料情况

说明已有资料的施测年代,采用的平面及高程基准,资料的数量、形式、质量及利用的可能性和利用方案等。

三、作业技术依据

说明引用的标准、规范或其他技术文件。

四、控制测量

根据测区情况和要求确定平面控制和高程控制布设等级和形式，以及采用的平面系统和高程系统。

五、地形图测绘

1. 测绘要求

规定作业方法和技术要求。

2. 地形图精度和要求

基本等高距、点的注记密度及地物地貌的表示方法和要求等。

六、仪器设备及人员组织分工

1. 仪器、设备

任务所需的测量仪器设备、软件等的数量和要求。

2. 人员组织分工

主要技术人员的具体任务、责任和分工。

七、质量控制和成果检查验收

质量控制方法和过程及成果的检查验收要求。

八、资料提交

(1) 技术设计书。
(2) 控制点展点图、观测手簿。
(3) 平面控制和高程控制测量平差计算手簿及成果表。
(4) 地形图一幅。
(5) 技术总结。

项目 9

全站仪数字化测绘

一、实训目的

(1) 熟练掌握全站仪测角、测距、测坐标及数据采集的基本功能。

(2) 了解数字测图平面控制和高程控制的技术要求。

(3) 掌握大比例尺数字测图的方法。

(4) 掌握 CASS 等成图软件的使用。

二、实训学时与组织

(1) 学时:室外集中实训 30 学时。

(2) 组织:以小组为单位,每组 4～5 人,实训过程轮换操作,每人均需完成经纬仪操作、读数、记录、计算、绘图和跑尺等工作。

三、实训仪器与设备

全站仪 1 台、备用电池 1 块、配套充电器 1 个、三脚架、棱镜及杆 2 套、对讲机 2 个、钢卷尺、草图用纸若干、铅笔、计算器等。

四、实训任务与方法

1. 图根平面控制测量

在教师指导下,在实训场地利用全站仪完成图根平面控制测量,采用导线的形式。光电测距导线技术要求如下。

(1) 熟悉实训场地现状,选择合适的导线类型,一般为闭合导线或附合导线。

(2) 勘查选点,建立标志,做好点的记号。

(3) 若测区内无高级导线点,可建立假定坐标系统。

(4) 局部通视困难地区可采用光电测距极坐标法和交会定点的方法加密图根控制点。

(5) 图根点密度根据规范要求,应符合表 9-1 规定的要求。

表 9-1　数字测图图根点的密度要求

测图比例尺	1:500	1:1 000	1:2 000
图根点数/km²	64	16	4

(6) 图根光电测距导线应满足规范要求,符合项目四中表 4-2 的规定。

(7) 导线内业计算采用非严密平差,手工填表计算。计算时角度取位至秒,边长和坐标取位至厘米。

2. 图根高程控制测量

(1) 图根控制点的高程可采用图根光电三角高程或图根水准的方法测得,此实训采用图根光电三角高程,外业工作可与平面控制外业同时完成。

(2) 图根三角高程导线应起闭于高等级控制点,采用闭合导线或附合导线形式。当测区内没有已知高程控制点时,可采用四等水准测量与测区外的高等级水准点联测,也可假定高程建立独立高程系统。

根据《工程测量规范》(GB50026—2007)要求,图根光电测距三角高程测量应满足表 9-2 的要求。

表 9-2　图根光电测距三角高程测量的技术要求

每千米高差全中误差/mm	附合路线长度/km	仪器精度等级	中丝法测回数	指标差较差/(″)	竖直角较差/(″)	对向观测高差较差/mm	附合路线或环线闭合差/mm
20	≤5	6″级仪器	2	25	25	$\leqslant 80\sqrt{D}$	$\leqslant \pm 40\sqrt{\sum D}$

注:D 为测距边边长(km)。

(3) 计算三角高程时竖直角度取位至秒,距离取位至厘米。

3. 外业数据采集

1) 数据采集的准备工作

首先将控制点数据整理为 *.dat 文件传入全站仪内存中或直接录入。其次对仪器参数进行设置及对内存文件进行整理。在使用仪器前要对温度、气压、棱镜常数、测距模式、测距次数等参数进行检查、设置。如果内存不足,可将无用文件删除。

2) 碎部点采集步骤和要求

野外数据采集主要包括安置仪器、输入数据采集文件名、输入测站数据、输入后视点坐标、定向、碎部点测量几步。

(1) 安置仪器。

当仪器对中、整平后量取仪器高至毫米。打开电源,转动望远镜镜,使仪器进入观测状态,再按“Menu”菜单键,进入主菜单。

(2) 测站设置。

在数据采集菜单下根据全站仪提示输入数据采集文件名。文件名可直接输入也可从仪器内存中调用。测站数据的设置有两种方法:其一是直接由键盘输入坐标;其二是调用内存中的坐标文件。此坐标文件必须在数据采集的准备工作中已经传入或写入内存。

(3) 后视点设置。

后视点数据的输入有三种方式:一是调用内存中的已有坐标文件;二是直接输入后视控制点坐标;三是直接输入定向边的方位角。

(4) 定向。

当测站和后视方向设置完毕,可根据仪器提示照准后视点棱镜,按测量键后完成定向工作。

(5) 碎部点测量。

在数据采集菜单下,选择碎部点采集命令。输入点号、编码、棱镜高等数据。照准目标,按测量键后,数据被存储。全站仪点号自动增加,进入下一点测量。如采用无码作业,可不输入编码。

在地物、地貌的测绘过程中,应按照现行国家标准《1∶500 1∶100 1∶2 000 地形图图式》(GB/T 20257.1—2007)执行,同时还应符合以下一些规定。

① 居民地的各类建筑物和构筑物及其主要附属设施应准确测绘其外围轮廓,房屋以墙基外角为准测绘,并注记楼房名称、房屋结构和楼房层数。依比例的垣栅应准确测出其基本轮廓并用相应符号表示。不依比例的垣栅应测出其定位点后配以对应符号依次连接。

② 公路与其他双线道路在图上均应按实宽依比例表示,图上每隔 15～20 cm 标注公路等级代码。公路、街道按其铺面材料不同应分类以砼(水泥)、沥(沥青)、砾(砾石)、碴(碎石)、土(土路)等注记于图中路面上。

③ 永久性电力线、通讯线均应准确表示,电杆、电线架、铁塔位置需实测。城市建筑区内电力线、通讯线可不连线,但应在杆架处绘出连线方向。

④ 地面和架空的管线分别用相应的符号表示,并注记类别。地下管线根据用途需要决定表示与否,检修井应测绘表示。管道附属设施均应实测表示。

⑤ 河流在图上宽度小于 0.5 mm 的、沟渠小于 1 mm 的用单线表示。河流交叉处、泉、井等要测注高程,瀑布、跌水应测注比高。

⑥ 自然地貌用等高线表示,崩塌残蚀地貌、坡、坎和其他特殊地貌用相应符号和等高线配合表示。居民地可不绘等高线,但应在坡度变化处标注高程。

⑦ 对耕地、园地应实测其范围,配以对应符号。田埂宽度在图上大于 1 mm 时应用双线表示,小于 1 mm 用单线表示。耕地、园地、林地、草地、田埂均需测注高程。

4. 内业绘图与要求

(1) 数据传输:通过数据通讯完成全站仪和计算机之间的数据相互传输。注意相关参数设置应一致。

(2) 此次实训主要采用草图法完成测图成图任务。草图法模式主要内容包括以下几方面。

① 定显示区。

② 选择测点点号定位成图法。

③ 依据草图绘制平面图。

④ 地物编辑。

⑤ 绘制等高线。

⑥ 地形图的分幅与整饰。

⑦ 地形图输出。

(3) 数字地形图的编辑要求。

① 街区与道路的衔接处,应留 0.2 mm 间隔;建筑在陡坎和斜坡上的建筑物按实际位置绘出,陡坎无法准确绘出时,可移位表示,并留 0.2 mm 间隔。

② 两点状地物相距很近时,可将突出、重点地物准确表示,另一个移位表示。点状地物与房屋、道路、水系等其他地物重合时,可中断其他地物符号,间隔 0.2 mm 完整表示独立符号。

③ 双线道路与房屋、围墙等高出地面的建筑物边线重合时,可用建筑物边线代替道路边线。道路边线与建筑物接头处应间隔 0.2 mm。

④ 河流遇到桥梁、水坝、水闸等应断开。水涯线与陡坎重合时可用陡坎边线代替水涯线。水涯线与斜坡脚重合时,仍应在坡脚将水涯线绘出。

⑤ 等高线遇到房屋及其他建筑物、双向道路、路堤、路堑、坑穴、陡坎、斜坡、湖泊、双线河、双线渠以及注记等均应断开。等高线的坡向不能判断时加注示坡线。

⑥ 同一地类范围内的植被,其符号可均匀配置;地类界与地面上有实物的线状符号重合时可省略不绘;与地面上无实物的线状符号重合时,地类界应移位 0.2 mm。

⑦ 文字注记字头朝北,道路河流名称可随线状弯曲方向排列,名字底边平行于南、北图廓;注记文字最小间距为 0.5 mm,最大间距不超过字大的 8 倍。高程注记一般注于点的右方,离点间隔 0.5 mm。等高线注记字头应指向山顶和地形特征部分,但字头不应指向图纸的下方。地貌复杂的地方,应注意合理配置,以保持地貌的完整。

五、实训注意事项

(1) 记录、计算成果应符合相关测量规范。

(2) 在实训过程中,要做到步步检核,确保所计算的数据和所测设的点位正确无误。

(3) 在测量前做好准备工作,每组全站仪的电池和备用电池应充足电,每天出工和收工,都要注意清点所带仪器设备的数量,并检查其是否完好无损。

(4) 每天收工后传输数据时要注意数据线连接是否正确,有关参数设置是否正确。

(5) 外业草图绘制要清晰,信息应准确、完整。

六、实训考核

根据实训任务,通过以下几个方面对学生个人和小组进行综合成绩评定。

(1) 在指定的实训场地,个人操作全站仪的熟练程度及绘图能力。

(2) 上交的资料,如电子地形图、草图、控制测量成果表及个人日志和报告等。

七、实训问题与思考

(1) 全站仪后视方向设置有几种方法?

(2) 在数字测图软件中进行等高线修剪时应注意哪些问题?

(3) 在内业成图编辑地物、地貌时要注意哪些?
(4) 简述碎部点采集的主要步骤。

附:全站仪数字化测绘技术设计方案(参考格式)

一、任务概述

说明任务来源、测区范围、地理位置、行政隶属、成图比例尺、采集内容、任务量等基本情况。

二、测区自然地理概况和已有资料

1) 测区自然地理概况
根据需要说明与设计方案或作业有关的测区自然地理概况。
2) 已有资料情况
说明已有资料的年代,采用的平面和高程系统,资料的形式、数量、质量及利用的可能性和利用方案等。

三、引用文件

说明专业技术设计中所引用的标准、规范文件或其他技术文件。

四、成果规格和技术指标

说明作业或成果的比例尺、平面和高程式基准、投影方式、成图方法、成图基本等高距、数据精度、格式、内容和主要技术指标等。

五、设计方案

(1) 规定测量仪器的类型、数量、精度及检定要求,作业所需的应用软件及其他配置等。
(2) 图根控制测量的点布设、测量方法和限差的确定。
(3) 作业方法和技术要求。
(4) 物资供应、通信服务等的建议与保障措施。
(5) 质量控制和检查的要求
(6) 上交和归档成果及其资料的内容和要求。

项目 10

线路工程测量

一、实训目的

(1) 理解线路工程测量内容及步骤。

(2) 掌握线路纵横断面测量及纵横断面图的绘制方法。

二、实训学时与组织

(1) 学时:室外集中实训 8～12 学时。

(2) 组织:以小组为单位,每组 4～6 人,实训过程轮换操作,每人均需完成仪器操作、读数记录等工作,并独立完成数据整理计算和绘图工作。

三、实训仪器与设备

经纬仪(或全站仪)1 套、水准仪 1 套、三脚架、水准尺、花杆、铅笔、计算器、记录手簿、绘图纸等。

四、实训任务与方法

1. 线路准备

(1) 由指导老师指定或各组成员自行选定线路,标定线路交点及转点。

(2) 根据线路需要,进行圆曲线测设(具体方法参见“项目六测设工作中的任务四圆曲线测设”),并标定线路中桩及里程。

(3) 设立水准点,并测定水准点高程。如无已知高程,可采用假定高程。

2. 纵断面测量

(1) 采用视线高法,进行中桩水准测量,测量数据记入表 10-1。

(2) 在测段起始点附近的水准点 *BM*1 上竖立水准尺,选定前视转点 *ZD*1 并竖立水准尺。如图 10-1 所示,在距 *BM*1、*ZD*1 大致等远的地方安置水准仪,先读取后视点 *BM*1 上水准尺的读数并记入后视栏中;再读取前视点 *ZD*1 上水准尺的读数,并将此读数记入前视栏中;依次在本站各中桩处的地面上竖立水准尺并读取读数,记入间视栏。

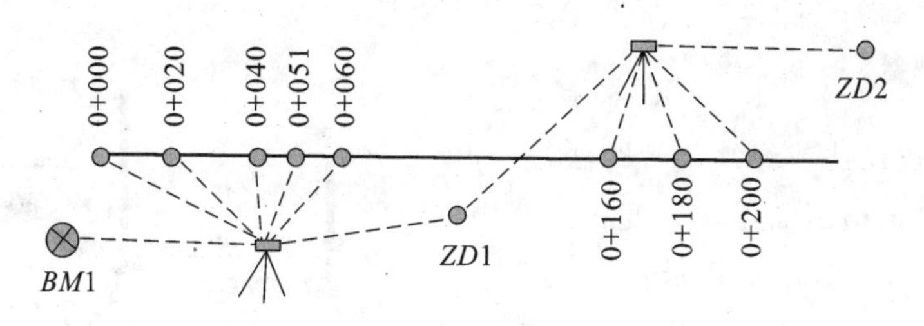

图 10-1　纵断面测量

(3) 选定 $ZD2$ 点，在距离 $ZD1$、$ZD2$ 大致等远的地方安置水准仪，以 $ZD1$ 点为后视，$ZD2$ 点为前视重复上一步骤，并将读数记入表 10-1。测至另一水准点，构成附合水准路线。

(4) 计算中桩高程并校核。

后视点与前视点高差＝后视读数－前视读数

后视点与间视点高差＝后视读数－间视读数

前视点高程＝后视点高程＋后视点与前视点高差

间视点高程＝后视点高程＋后视点与间视点高差

(5) 计算高差闭合差。

$$fh \leqslant 30\sqrt{D}$$（单位 mm，D 为附合路线长度，单位为 km）

(6) 绘制纵断面图。

以里程为横坐标（比例 1∶1 000），高程为纵坐标（比例 1∶100）绘制纵断面图，如图 10-2 所示。图 10-2 上半部分的折线代表中线方向的地面线和纵坡设计线，图 10-2 下部表格是注记有关测量和线路纵坡设计资料。

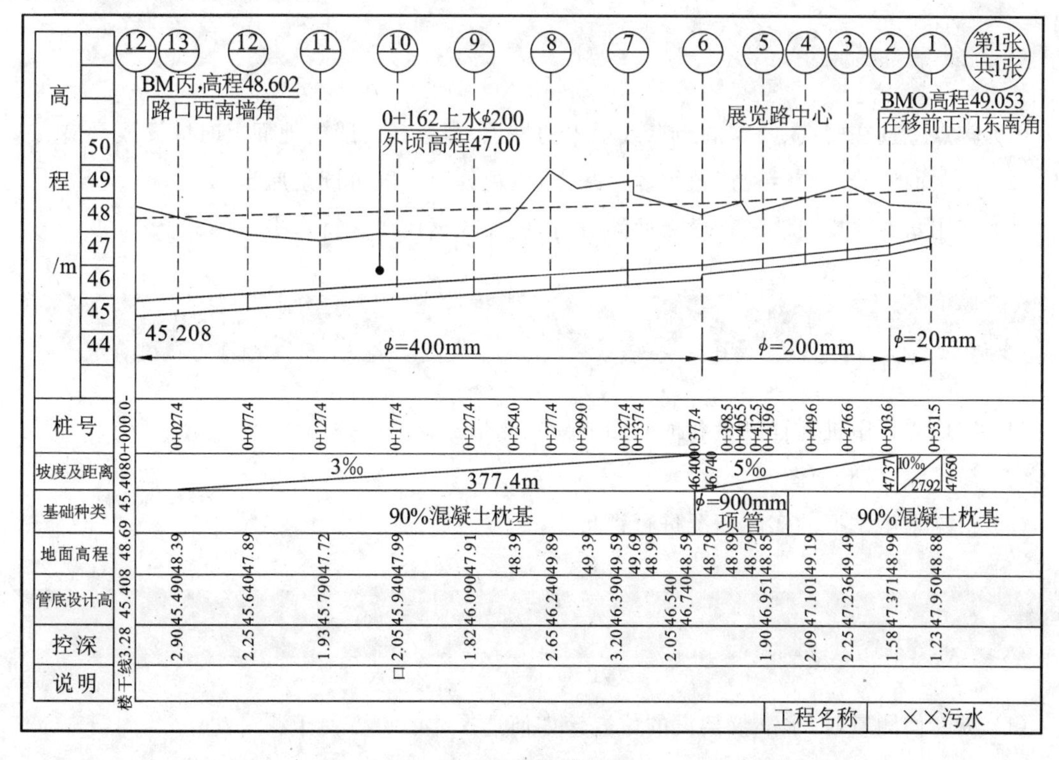

图 10-2　纵断面图

3. 横断面测量

采用水准仪皮尺法或经纬仪视距法，进行中桩横断面测量，测出横断面方向各变坡点至中桩的水平距离和高差，如图 10-3 所示。

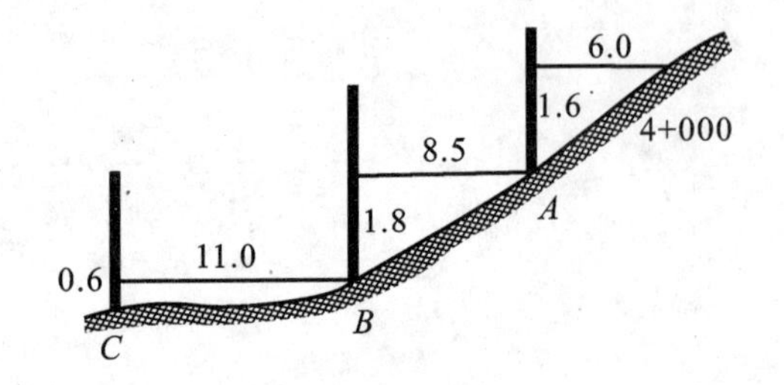

图 10-3 横断面测量

(1) 水准仪皮尺法：选一适当位置安置水准仪，后视中桩水准尺读取后视读数，横断面方向上各变坡点立水准尺读取前视读数，并计算高差和中桩高程。用钢尺或皮尺分别量取各变坡点至中桩的水平距离。

(2) 经纬仪视距法：将经纬仪安置在中桩上，水准尺立于横断面方向各变坡点上，经纬仪用盘左位置对准水准尺，读取上丝读数 a、下丝读数 b、中丝读数 c 及竖盘读数 θ，量取仪器高 i，利用视距法水平距离和高差公式计算在中桩与变坡点的水平距离及高差。

(3) 高差和水平距离结果记入表 10-2，按线路前进方向分左侧、右侧，以分数形式表示高差和距离。分子表示相邻变坡点高差，分母表示水平距离。高差为正表示上坡，高差为负表示下坡。自中桩由近及远逐段进行测量与记录。

(4) 根据测量和计算数据，绘制横断面图。绘图比例采用 1∶200 或 1∶100，绘图顺序为从图纸自上而下、由左向右，依次按桩号绘制。

五、实训注意事项

(1) 转点应选在坚实、凸起的地点或稳固的桩顶，当选在一般的地面上时应安放尺垫。

(2) 纵断面测量时前后视读数须读至毫米，中视读数一般可读至厘米。

(3) 当用水准仪皮尺法进行横断面测量时，皮尺或钢尺要保持水平。

六、实训考核

(1) 实地进行中桩高程测量和横断面的模拟测量。

(2) 简绘纵、横断面图。

(3) 根据学生掌握的实际情况进行评价。

七、实训问题与思考

(1) 纵断面测量时，水准仪架设的位置该如何选择才能更方便于测量？

(2) 横断面测量时，水准仪皮尺法和经纬仪视距法各适用于什么情况？

表 10-1　路线中桩高程(中平)测量记录手簿

日期:＿＿＿＿＿＿　　天气:＿＿＿＿＿＿　　观测者:＿＿＿＿＿＿

仪器:＿＿＿＿＿＿　　小组:＿＿＿＿＿＿　　记录者:＿＿＿＿＿＿

桩号或测点编号	水准尺读数			高差/m	高程/m	备　注
	后视	间视	前视			

表 10-2　路线中桩横断面测量记录手簿

日期：＿＿＿＿＿＿　天气：＿＿＿＿＿＿　观测者：＿＿＿＿＿＿

仪器：＿＿＿＿＿＿　小组：＿＿＿＿＿＿　记录者：＿＿＿＿＿＿

左侧/m	里 程 桩 号	右侧/m

附:线路工程测量设计方案(参考格式)

一、编制依据

说明设计所引用的标准、规范或其他技术文件。

二、工程概况

任务来源、用途、测区范围、内容和特点等。

三、测量人员及仪器设备配置

人员配备、仪器类型、数量和精度要求等。

四、作业方法和技术要求

(1) 线路控制点的布设方案和要求,联测方法和技术要求,确定测图比例尺。

(2) 规定中线、曲线起点与终点位置、布设要求、实测方法、技术要求,以及断面的间距和断面点密度的要求。

(3) 确定各种桩点的平面和高程的测量方法和精度要求。

(4) 线路测量各阶段对各种点位复测的要求,各次复测值之间的限差。

五、质量控制和成果检查

对控制测量、断面测量、复测等环节的质量控制方法和控制过程,以及对测量数据、图纸成果等的检查。

六、提交资料

(1) 技术设计书。
(2) 平面控制测量和高程控制测量布点图。
(3) 平面和高程控制测量观测手簿及平差成果表。
(4) 断面测量数据成果和断面图。
(5) 技术总结报告。

项目 11

建筑物定位、放线与变形观测

一、实训目的

(1) 掌握施工测量方案制定要点。

(2) 根据建筑物总平面图与给定条件进行建筑物定位。

(3) 根据建筑物平面图、基础平面图和细部结构图等,在建筑物定位后进行建筑物或基础细部放线。

(4) 了解变形观测特点,掌握变形观测技术要求。

二、实训学时与组织

(1) 学时:室外集中实训 12 学时。

(2) 组织:以小组为单位,每组 4～5 人,组长作为负责人,实训过程轮换操作,每人均需完成整个操作过程。

三、实训仪器与设备

DJ6 型光学经纬仪 1 套、DS05 水准仪 1 套、钢尺、水准尺、铅笔、计算器、记录板、记录手簿等。

四、实训任务与方法

1. 施工测量前准备工作

施工测量前准备工作主要包括熟悉与核对图纸、检核仪器和工具、现场踏勘、施工场地整理、拟定施工测量方案。根据测设数据进行相关计算,绘制测设略图。图 11-1～图 11-3 分别为某学校办公楼平面图、基础平面图和基础详图。

2. 建筑物定位

由于定位条件不同,定位方法也不同,下面介绍两种常用的建筑物定位方法。

1) 根据已有建筑物定位

(1) 如图 11-4 所示,沿教学楼的东、西墙面,用钢尺延长出一小段距离 3 m,得 a、b 两点,作

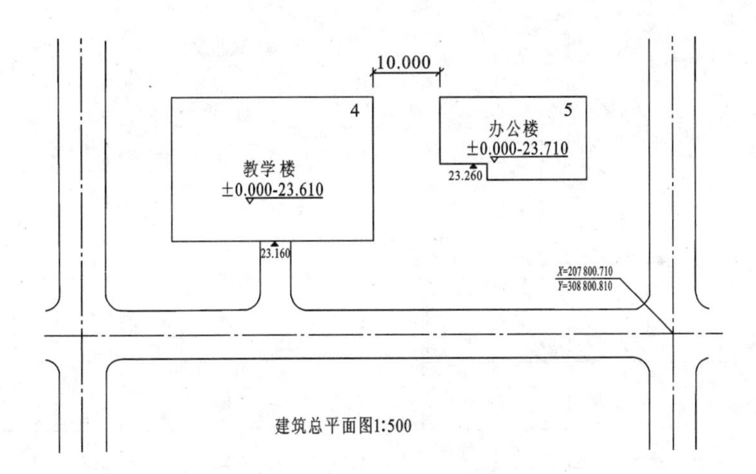

图 11-1 某学校办公楼平面图

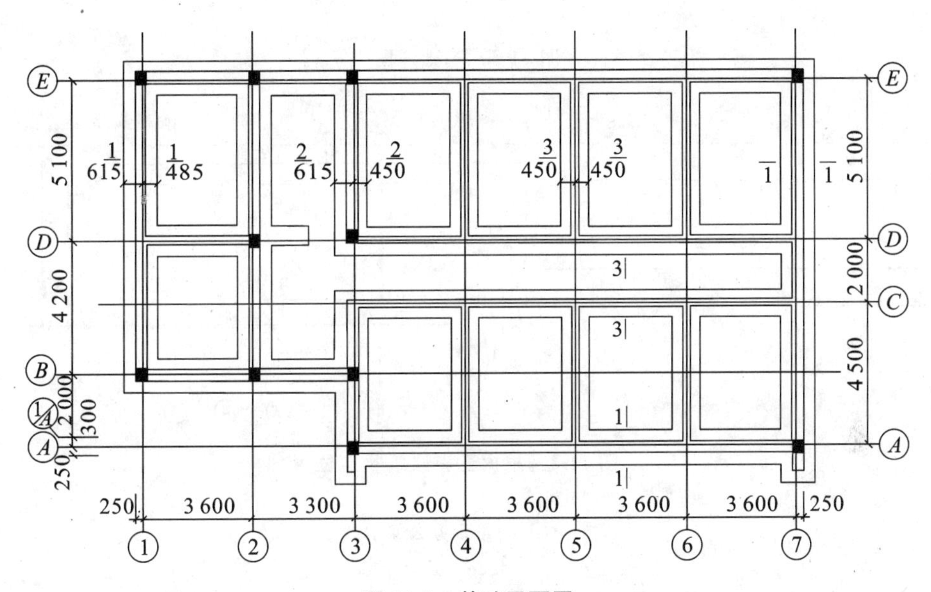

图 11-2 基础平面图

出标志。

(2) 在 a 点安置经纬仪，瞄准 b 点，并从 b 点沿 ab 方向量取 10.250 m(因为教学楼的外墙厚为 370 mm，轴线偏里)，定出 c 点，作出标志，再继续沿 ab 方向从 c 点起量取 21.300 m，定出 d 点，作出标志，cd 线就是定位办公楼的参考线。

(3) 分别在 c、d 两点安置经纬仪，瞄准 a 点，逆时针方向测设 90°，沿此视线方向量取距离 (3+0.250)m，定出 M、P 两点，作出标志，再继续量取 11.600 m，定出 N、Q 两点，M、N、P、Q 四点即为办公楼外轮廓定位轴线的交点，然后再定出 A、B 两点，并作出标志。

(4) 检查 NQ 的距离是否等于 21.300 m，误差≤1/2 000；$\angle N$ 和 $\angle Q$ 是否等于 90°，误差≤40″。

2) 根据给定建筑物墙线定位

如图 11-5 所示，给定办公楼北墙线 RS，定位过程如下。

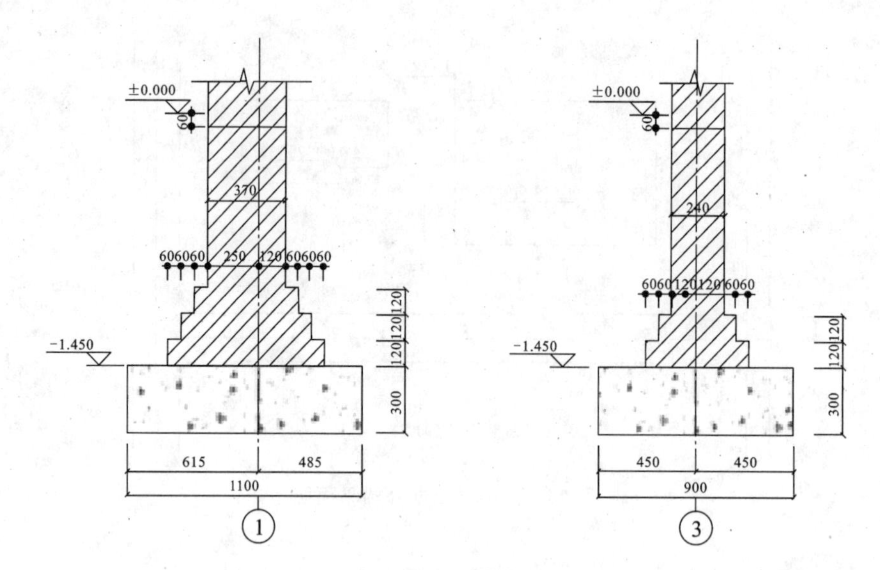

图 11-3　基础详图

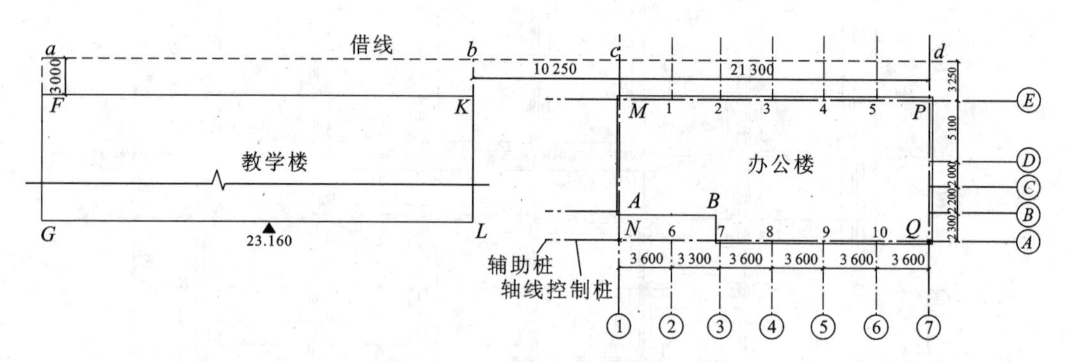

图 11-4　根据已有建筑物定位

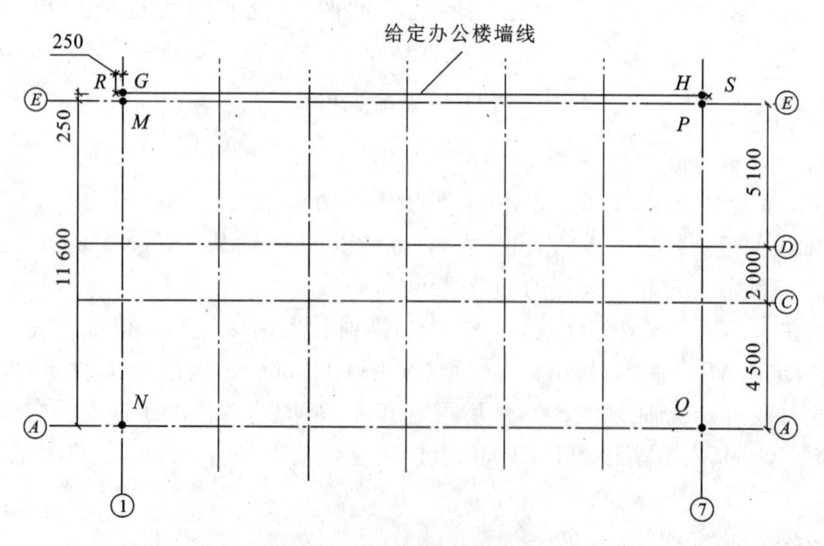

图 11-5　根据给定墙线定位

(1) 在 RS 方向线上自 R 点量取 250 mm 得 G 点，由 S 点向 R 点方向量取 250 mm 得 H 点。

(2) 分别在 G、H 两点安置经纬仪，分别瞄准 S、R 点，按顺、逆时针方向测设 90°，沿视线方向量取距离 250 mm，定出 M、P 两点，作出标志；再继续量取 11.600 m，定出 N、Q 两点，作出标志。M、N、P、Q 四点即为办公楼外轮廓定位轴线的交点。

(3) 检查 NQ 的距离是否等于 21.300 m，误差≤1/2 000；∠N 和∠Q 是否等于 90°，误差≤40″。

3. 建筑物细部放线

1) 测设细部轴线交点桩

如图 11-4 所示，在 M 点安置经纬仪，瞄准 P 点，用钢尺沿 MP 方向量出相邻两轴线间的距离，定出 1、2、3……各点。注意：为使量距精度达到设计精度要求，量取各轴线之间距离时，钢尺零点要始终在起点上。

2) 设置轴线控制桩与辅助桩

如图 11-4 所示，在 N 点安置经纬仪，瞄准 Q 点，在 NQ 方向线上由 Q 点向外量取 2～4 m 即得控制桩，再向外量取 2～4 m 即得辅助桩；纵转望远镜，在 QN 方向线上由 N 点向外量取 2～4 m即得控制桩，再向外量取 2～4 m 即得辅助桩，此时 A 轴控制桩与辅助桩设置完毕。同理瞄准 M 点，设置 1 轴线控制桩与辅助桩。

与上述操作相同，在 P 点安置经纬仪，设置 E 轴线和 7 轴线控制桩与辅助桩。

注意事项：当场地受限时控制桩与辅助桩可投测到固定的建(构)筑物上；当距离较远或精度要求较高时，应采用盘左盘右取中法引测。

3) 撒开挖边线

根据基础平面图、基础详图、工作面宽度和放坡情况，计算开挖边线。由轴线量取边线位置，用白灰撒出开挖边线。如果是基坑开挖，则只需按最外围墙情况确定开挖边线。

4. 引测高程

根据施工高程控制网，用水准测量方法把办公楼±0 标高的高程测设到施工现场附近稳定地物上。原则上引测的高程点要求设置一站即可测设到施工面上。

5. 变形观测

变形观测是对建(构)筑物以及地基的变形(包括沉降、倾斜、位移、裂缝等)进行的测量工作。建筑物变形观测应从基础施工开始，在整个施工阶段至竣工使用后一个时期内，按规定进行定期观测，直至变形趋于稳定为止。变形观测对建筑施工、建筑设计、后期运营管理具有重要意义，尤其对于高层建筑物、重要厂房、高耸构筑物及地质不良地段建筑物更为重要。变形观测主要技术要求见表 11-1。

表 11-1 建筑变形测量的级别、精度指标及其适用范围

变形测量级别	沉降观测	位移观测	主要适用范围
	观测点测站高差中误差/mm	观测点坐标中误差/mm	
特级	±0.05	±0.3	特高精度要求的特种精密工程的变形测量
一级	±0.15	±1.0	地基基础设计为甲级的建筑变形测量;重要的古建筑和特大型市政桥梁等变形测量等
二级	±0.5	±3.0	地基基础设计为甲、乙级的建筑的变形测量;场地滑坡测量;重要管线的变形测量;地下工程施工及运营中变形测量;大型市政桥梁变形测量等
三级	±1.5	±10.0	地基基础设计为乙、丙级的建筑的变形测量;地表、道路及一般管线的变形测量;中小型市政桥梁变形测量等

1) 沉降观测和倾斜观测

选择一个高层建筑物进行观测。具体方法和过程参见第二部分项目七中任务二。

2) 位移观测

根据平面控制点测定建(构)筑物的平面位置随时间的变化移动的大小及方向。位移观测主要有基线法、小角法和交会法。小角法是利用精密经纬仪精确测定基准线与置镜点到观测点连线的角度,通过两次(相隔规定时间)观测的微小角度差,计算求得建筑物位移值。交会法是以两个控制点为基准,使用前方交会法测定观测点坐标,通过两次(相隔规定时间)测定的观测点坐标反算出建筑物位移值。

3) 裂缝观测

建筑物出现基础不均匀沉降、施工方法不当、设计有误等方面的问题时,可能会造成上部主体结构产生裂缝。裂缝观测的方法主要有石膏板法和白铁皮法。石膏板法是在裂缝处糊上 10 cm 左右宽、长度视裂缝大小确定(以能把石膏板固定在裂缝上为准)的石膏板,石膏板可随裂缝发展同步开裂,从而通过观察石膏板的开裂情况即可获得建筑物裂缝的发展情况。白铁皮法是在裂缝两侧分别固定一块白铁皮,一片 20 cm×20 cm,另一片 5 cm×30 cm(视裂缝大小可调整),白铁皮自由端相互搭接并可自由滑动,方片在下,长片在上,表面涂匀红油漆。当裂缝继续发展时两块白铁皮将出现“露白”现象,根据露白大小即可判断裂缝大小和发展情况。

五、实训注意事项

(1) 场地选择要充分考虑实训项目的整体性。

(2) 此实训项目重在锻炼方法,实际放样尺寸和变形大小均不做特定要求。

六、实训考核

(1) 个人根据相关图纸和资料计算相关测设数据。
(2) 利用测设数据进行实地建筑物定位放线。
(3) 对指定建筑物按要求和方法进行变形观测,并进行计算。
(4) 根据测设过程的表现和计算能力综合评定成绩。

七、实训问题与思考

(1) 如何根据已有建筑物进行新建建筑物的定位?
(2) 为什么要对建筑物进行变形观测?

附:建筑工程施工测量方案(参考格式)

一、工程概况

说明工程位置、隶属、工程性质、工程结构、工程面积、标高等。

二、方案编制主要依据

说明方案编制的主要引用标准、规范和文件。

三、施工测量

1. 施工测量准备工作

资料准备、图纸审核、仪器检验、控制点校核等。

2. 施工测量内容和方法

(1) 复测定位放线依据。
(2) 建立施工平面控制网和高程控制网。
(3) 建筑物定位放线、基础放线、建筑物主体放线。

(4) 轴线测量。
(5) 标高控制。
(6) 测量放线质量要求。
(7) 建筑物沉降观测。

四、复核和验线

验线范围:现场和作业面各级平面、高程控制点,各种分部、分项工程的定位桩点,基槽位置、几何尺寸和标高,各种关键部位的线。验线的依据必须原始、正确、有效,验线精度应符合规范要求,验线须独立进行。

五、沉降观测

对建筑物主体进行沉降观测。

六、施工测量的各项限差和质量保证措施

(1) 各项限差技术要求。
(2) 细部放样应遵循的原则。
(3) 放样工作中保证限差的措施。

七、归档和上交成果资料

(1) 技术设计书。
(2) 施工平面控制测量和高程控制测量布点图。
(3) 施工平面和高程控制测量观测手簿及平差成果表。
(4) 施工放线资料。
(5) 主体沉降资料。
(6) 技术总结报告。

附 录

附录A 测量工作中的常用计量单位

在测量工作中，常用的计量单位有长度、面积、体积和角度四种计量单位。

1. 长度单位

我国法定长度计量单位采用米(m)制单位。

1 m(米)=100 cm(厘米)=1 000 mm(毫米)

1 km(千米或公里)=1 000 m(公里为千米的俗称)

2. 面积单位

我国法定面积计量单位为平方米(m^2)、平方厘米(cm^2)、平方千米(km^2)。

1 m^2(平方米)=10 000 cm^2(平方厘米)

1 km^2(平方千米)=1 000 000m^2(平方米)

3. 体积单位

我国法定体积计量单位为立方米(m^3)。

4. 角度单位

测量工作中常用的角度度量制有三种：弧度制、60 进制和 100 进制。其中弧度制和 60 进制的度、分、秒为我国法定平面角计量单位。

(1) 60 进制在计算器上常用“DEG”符号表示。

1 圆周=360°(度)

1°=60′(分)

1′=60″(秒)

(2) 100 进制在计算器上常用“GRAD”符号表示。

1 圆周＝400 g(百分度)

1 g＝100 c(百分分)

1 c＝100 cc(百分秒)

1 g＝0.9°　1 c＝0.54′　1 cc＝0.324″

1°＝1.111 11g　1′＝1.851 85 c　1″＝3.086 42 cc

百分度现通称“冈”,记作“gon”,冈的千分之一为毫冈,记作“mgon”。例如 0.058 gon＝58 mgon。

(3) 弧度制在计算器上常用“RAD”符号表示。

$$1\text{ 圆周}=360^\circ=2\pi\ \text{rad}$$

$$1^\circ=(\pi/180)\text{rad}$$

$$1'=(\pi/10\ 800)\text{rad}$$

$$1''=(\pi/648\ 000)\text{rad}$$

一弧度所对应的度、分、秒角值为:

$$\rho^\circ=180^\circ/\pi\approx57.3^\circ$$

$$\rho'=180\times60'/\pi\approx3\ 438'$$

$$\rho''=180\times60\times60''/\pi\approx206\ 265''$$

附录 B　RTK 技术和测绘软件 CASS 简介

1. RTK 定位技术简介

实时动态(RTK)定位技术是以载波相位观测值为根据的实时差分 GPS 技术,它是 GPS 测量技术发展的一个新突破,在测绘、交通、能源、城市建设等领域有着广阔的应用前景。实时动态定位(RTK)系统由基准站、流动站和数据链组成,建立无线数据通讯是实时动态测量的保证,其原理是取点位精度较高的首级控制点作为基准点,安置一台接收机作为参考站,对卫星进行连续观测,流动站上的接收机在接收卫星信号的同时,通过无线电传输设备接收基准站上的观测数据,流动站上的计算机(手簿)根据相对定位的原理实时计算显示出流动站的三维坐标和测量精度。这样用户就可以实时监测待测点的数据观测质量和基线解算结果的收敛情况,根据待测点的精度指标,确定观测时间,从而减少冗余观测,提高工作效率,有着常规测量仪器不可比拟的优点。

1. RTK 技术的优缺点

1）RTK 技术的优点

(1) 作业效率高。

在一般的地形地势下，高质量的 RTK 设站一次即可测完 5 km 半径的测区，大大减少了传统测量所需的控制点数量和测量仪器的“搬站”次数，仅需一人操作，每个放样点只需要停留 1～2 s，就可以完成作业。在公路路线测量中，每小组(3～4 人)每天可完成中线测量 6～8 km，在中线放样的同时完成中桩抄平工作。若用其进行地形测量，每小组每天可以完成 0.8～1.5 km^2 的地形图测绘，其精度和效率是常规测量所无法比拟的。

(2) 定位精度高。

运用 RTK 技术进行测量工作，没有误差积累，只要满足 RTK 的基本工作条件，在一定的作业半径范围内(一般为 5 km)，RTK 的平面精度和高程精度都能达到厘米级，且不存在误差积累。

(3) 全天候作业。

RTK 技术不要求两点间满足光学通视，即满足“电磁波通视和对空通视的要求”就可以完成测量工作，因此和传统测量相比 RTK 技术作业受限因素少，几乎可以全天候作业。

(4) RTK 作业自动化集成化程度高。

RTK 可胜任各种测绘外业工作。由于流动站配备了高效的手持操作手簿，手簿内置的专业软件可自动实现多种测绘功能，极大地减少了人为误差，保证了作业精度。

2）RTK 技术的缺点

虽然 GPS 技术有着常规仪器所不能比拟的优点，但经过多年的工程实践证明，RTK 技术仍然存在以下几方面不足。

(1) 受卫星状况限制。

GPS 系统的总体设计方案是在 1973 年完成的，受当时的技术限制，总体设计方案自身存在很多不足。随着时间的推移和用户要求的日益提高，GPS 卫星的空间组成和卫星信号强度都不能满足当前的需要，当卫星系统位置对美国是最佳的时候，世界上有些国家在某一确定的时间段仍然不能很好地被卫星所覆盖。例如在中、低纬度地区每天总有两次盲区，每次 20～30 min，盲区时卫星几何图形结构强度低，RTK 测量很难得到固定解。同时由于信号强度较弱，在对空遮挡比较严重的地方，GPS 无法正常应用。

(2) 受电离层影响明显。

由于部分地区在白天中午时段，受电离层干扰大，共用卫星数少，因而初始化时间长甚至不能初始化，也就无法进行测量。根据 RTK 技术实际的生产经验，部分地区在每天中午一段时间内，RTK 测量很难得到固定解。

(3) 受数据链电台传输距离影响。

数据链电台信号在传输过程中易受外界环境影响，如高大山体、建筑物和各种高频信号源的干扰，信号在传输过程中衰减严重，严重影响外业精度和作业半径。另外，当 RTK 作业半径超过一定距离时，测量结果的误差会超限，所以 RTK 的实际作业有效半径比其标称半径要小，工程实践和专门研究都证明了这一点。

(4) 受对空通视环境影响。

在山区、林区、城镇密楼区等地作业时，GPS 卫星信号被阻挡机会较多，信号强度低，卫星空间结构差，容易造成失锁，重新初始化困难甚至无法完成初始化，影响正常作业。

（5）受高程异常问题影响。

RTK作业模式要求高程的转换必须精确，但我国现有的高程异常分布图在有些地区，尤其是山区，存在较大误差，在有些地区还是空白，这就使得将GPS大地高程转换至海拔高程的工作变得比较困难，精度也不均匀，影响RTK的高程测量精度。

（6）可靠度不稳定。

RTK确定整周模糊度的可靠性为95%～99%，在稳定性方面不及全站仪，这是由于RTK较容易受卫星状况、天气状况、数据链传输状况影响的缘故。

2. RTK技术的应用

1）RTK在测图方面的应用

RTK技术在测图工作中的应用越来越普及，尤其是在外界环境有利于应用GPS的地区，其测图效率远远高于其他测量方法，并且其测量精度也能够得到保证。我们以南方GPS-RTK（S86T）系统为例，对RTK测图进行简要的介绍。

（1）安装仪器。

安置GPS基准站（如图B-1所示），并对基准站进行设置。基站控制面板如图B-2所示。

图B-1 基准站架立

此型号基站控制面板共有四个指示灯、四个控制按钮，其功能如下：

TX为信号发射灯，每1秒钟闪烁一下；

RX为信号接收灯，每1秒钟闪烁一下；

BT为蓝牙灯，常亮；

DATA为数据指示灯，每1秒钟闪烁一下；

F1、F2为选择功能键；

RESET为强制主机关机键。

图B-2 基站控制面板

（2）蓝牙连接。

将主机模式设置好之后就可以用手簿进行蓝牙连接了。首先将手簿设置如下。

点击“开始”→“设置”→“控制面板”，在控制面板窗口中双击“Bluetooth设备属性”，如图B-3所示。在蓝牙设备管理器窗口选择“设置”，选择“启用蓝牙”，点击“OK”关闭窗口。在蓝牙设备管理器窗口，点击“扫描设备”，如果在附近（小于12 m的范围内）有上述主机，在“蓝牙管理器”对话框将显示搜索结果。搜索完毕后选择你要连接的主机号，点击“确定”关闭窗口即可。

注：整个搜索过程可能持续10秒至1分钟，请耐心等待（周围蓝牙设备越多所需时间越长）。

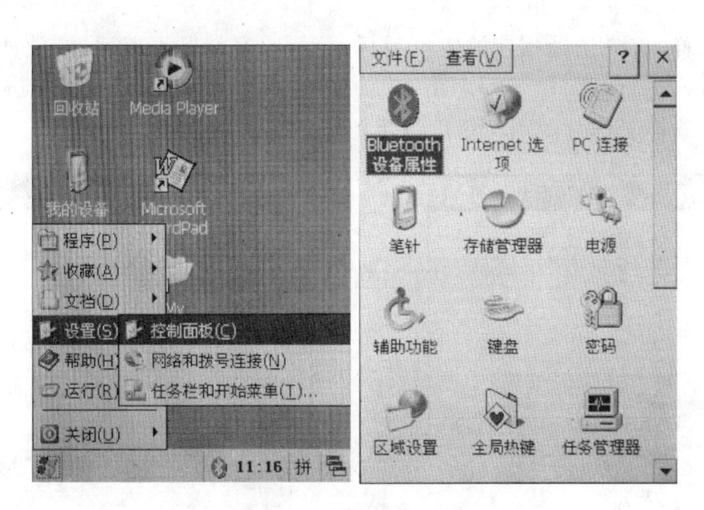

图 B-3　手簿蓝牙设置

(3) 仪器初始化。

打开电子手簿中的“工程之星”软件，通过配置选项中的端口设置来读取主机信息，启动基准站。

(4) 求转换参数校正。

在新建工程中设置当地所采用的坐标系统，选择工程之星中输入选项，进行求解转换参数对坐标进行校正。

(5) 点位测量。

RTK 测图工作即通过“工程之星”测量选项(如图 B-4 所示)进行点位测量，当软件中显示为固定解时即可进行采点工作，同时数据自动保存在手簿中。

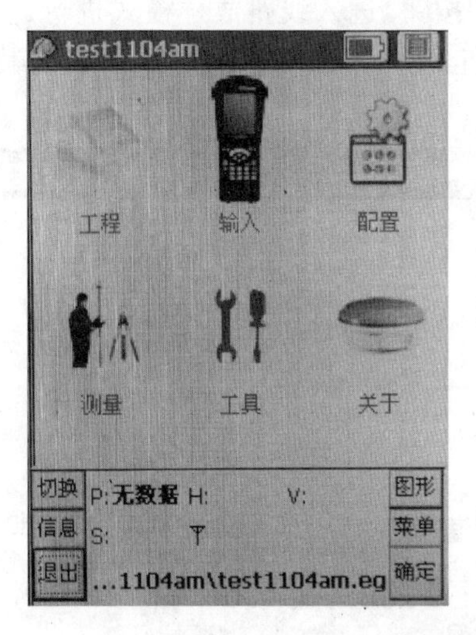

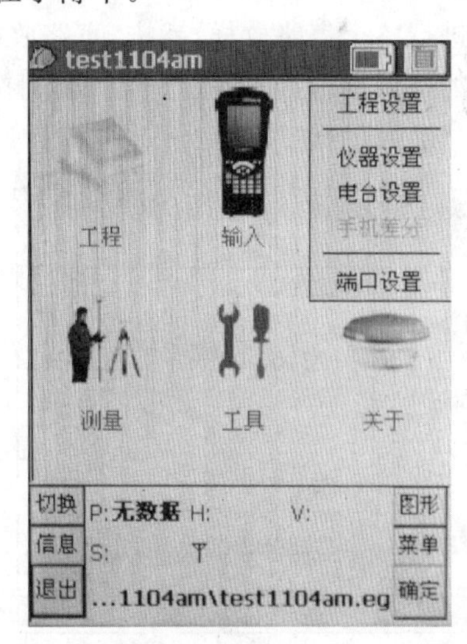

图 B-4　手簿配置

2) RTK 在施工放样中的应用

工程施工放样也可以采用 RTK 技术进行快速放点、放线。在使用 RTK 进行放样前，对仪器的架立和设置与 RTK 测图的操作相同，准备工作进行完毕后，在“工程之星”软件中选择测量→点放样、直线放样、道路放样等功能，如图 B-5 所示。

如进行点位放样，首先选择相应的放样目标，放样点目标既可以通过“放样点坐标库”选取，也可以通过手动输入进行，此时“工程之星”软件便能够显示当前点与放样点间相距的距离（如图 B-6 所示），重复放样工作直到点位精度满足要求即可。

图 B-5 手簿放样设置

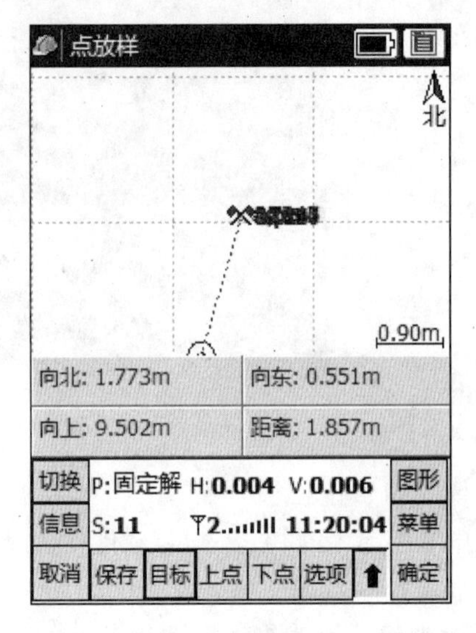

图 B-6 点位放样

RTK 放样功能中的道路放样功能，是为道路施工所设计的，该功能能极大地方便道路测设。同样在安置好仪器后，选择测量中的道路放样，点击“目标”按钮，通过“打开”按钮，选择一个已经设计好的线路文件（如图 B-7 所示），列表中显示设计文件中的所有的点（默认设置），用户也可以通过在列表下的标志点、加桩点、计算点的对话框中打钩来选择是否在列表中显示这些点。如果要进行整个道路放样，就按“道路放样”按钮，进入线路放样模式进行放样；如果要对某个标志点或加桩点进行放样，就按“点放样”按钮，进入点放样模式。如果要对某个中桩的横断面放样，就按“断面放样”按钮。

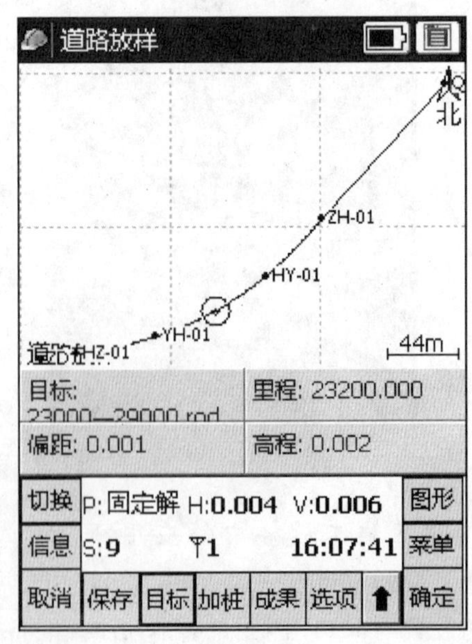

图 B-7 道路放样

3. 小结

随着俄罗斯“GLONASS”定位系统的完善以及伽利略“Galileo”卫星导航系统的建成，将出现多种空间资源共用的局面，联合系统将比单 GPS 系统表现得更加卓越，RTK 技术的使用范围将更广，效率也将更高。

2. CASS9.0 软件简介

CASS 地形地籍成图软件是基于 AutoCAD 平台技术的 GIS 前端数据处理系统，广泛应用于地形成图、地籍成图、工程测量应用、空间数据建库等领域，全面面向 GIS，彻底打通数字化成图系统与 GIS 接口，使用骨架线实时编辑、简码用户化、GIS 无缝接口等先进技术。自 CASS 软件推出以来，已经成长成为用户量最大、升级最快、服务最好的主流成图系统。

随着近年来科技发展日新月异，计算机辅助设计(CAD)与地理信息系统(GIS)技术取得了长足的发展。同时，社会对空间信息的采集、动态更新的速度要求越来越快，特别是对城市建设所需的大比例尺空间数据方便获取方面的要求越来越高，GIS 数据的建设成为“数字城市”发展的短板。与空间信息获取密切相关的测绘行业在近十年来也发生了巨大而深刻的变化，基于 GIS 对数据的新要求，测绘成图软件也正由单纯的“电子地图”功能转向全面的 GIS 数据处理功能，从数据采集、数据质量控制到数据无缝进入 GIS 系统，GIS 前端处理软件扮演着越来越重要的角色。

CASS9.0 版本相对于以前各版本除了平台、基本绘图功能上作了进一步升级之外，积极响应“金土工程”的要求，针对土地详查、土地勘测定界的需要开发了很多专业实用的工具。在空间数据建库的前端数据的质量检查和转换上提供了更灵活更自动化的功能。

1. CASS9.0 的安装

CASS9.0 的安装之前，应首先完成 AutoCAD 的安装工作，并确保 AutoCAD 能够正常使用。打开 CASS9.0 的安装文件，即可按照安装向导的提示进行客户端的安装。

2. CASS9.0 主菜单

CASS 的主菜单界面如图 B-8 所示，有以下几个功能区：菜单栏、CAD 工具栏、CASS 工具栏、屏幕菜单、命令栏、状态栏。

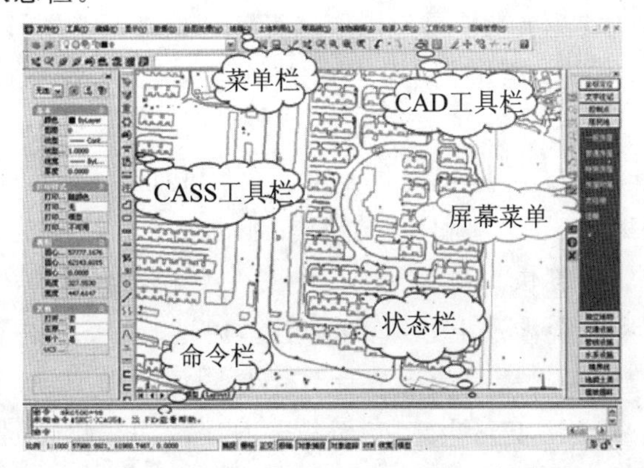

图 B-8 CASS 的主菜单界面

1）菜单栏

菜单栏主要包括文件、工具、编辑、显示、数据、绘图处理、地籍、土地利用、等高线、地物编辑、检查入库、工程应用等功能列表。

（1）文件菜单栏主要用于控制文件的输出、输入，以及对整个系统的运行环境进行修改设定。

（2）工具菜单栏是为用户在编辑图形时提供绘图工具，如操作撤销，捕捉设置，绘制圆形、弧形、椭圆等功能。

（3）编辑菜单栏可通过调用 AutoCAD 命令对图形进行编辑工作。

（4）显示菜单栏可以让用户对图形选择不同的观察方法，根据情况使用不同的显示方法将极大提高绘图效率。

（5）数据菜单栏可对数据进行相应的传输、查询、转化等操作。如图 B-9 所示，CASS 软件可以直接读取全站仪中的测量数据文件，并将其转化为 CASS 专用的格式。同时对于其他格式的数据文件，该软件也可将其进行转化。

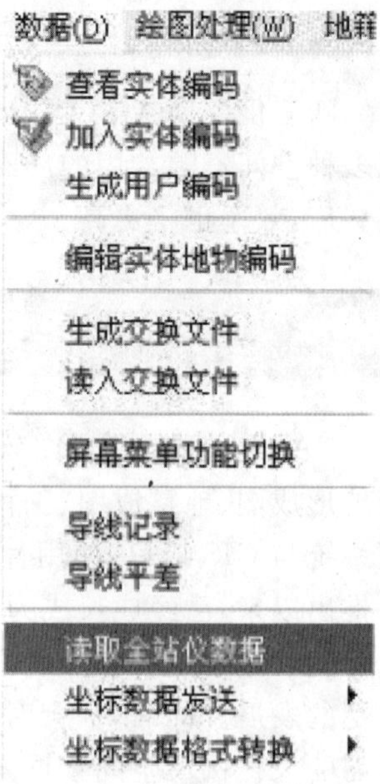

数据(D)　绘图处理(W)　地籍
查看实体编码
加入实体编码
生成用户编码
编辑实体地物编码
生成交换文件
读入交换文件
屏幕菜单功能切换
导线记录
导线平差
读取全站仪数据
坐标数据发送 ▸
坐标数据格式转换 ▸

图 B-9　数据菜单栏

（6）绘图处理菜单栏是为绘制地形图的各项操作进行设置。如图 B-10 所示，绘图区域进行定显示区，即通过坐标数据文件中的最大、最小坐标定出屏幕窗口的显示范围。然后就可对测量文件进行展点等一系列操作。

（7）地籍菜单栏针对地籍管理的工作需求，专门为地籍图绘制设置了相应的功能，如权属线绘制、权属文件生成、依照权属文件绘制权属图、修改界址点点号，注记界址点等操作命令。

（8）土地利用菜单栏可绘制行政区界，生成图斑等地类要素，对土地利用情况进行统计。

（9）等高线菜单栏可建立数字地面模型，计算并绘制等高线，或者对已有等高线进行修改操作。

（10）地物编辑菜单栏的主要功能是对地物进行加工编辑。CASS 系统为用户提供了大量的地物编辑工具，如果能够灵活应用将极大提高制图效率。

（11）检查入库菜单栏的主要功能是对图形进行各种检查及对图形格式进行转换。比如可以对图形中的地物属性结构进行设置、图形实体检查、实体过滤、删除重复实体、等高线穿越地物检查、坐标文件检查等。

（12）工程应用菜单栏为工程施工提供了众多实用功能。如坐标查询功能，它可以直接计算得出某点的三维坐标；又如距离和面积查询功能也能十分快捷地计算得出相应的距离和指定范围的面积，精度高、速度快。在工程应用中另一个较为常用的功能就是土方计算功能，这在所有工程施工项目中都会涉及土方计算的问题，通过 CASS 软件中提供的多种土方计算方法，用户可以十分迅捷地得出精确的土方计算结果。如图 B-11 所示为工程应用菜单下土方计算的几种方法，如 DTM 法土方计算、断面法土方计算、方格网法土方计算、等高线法土方计算等。

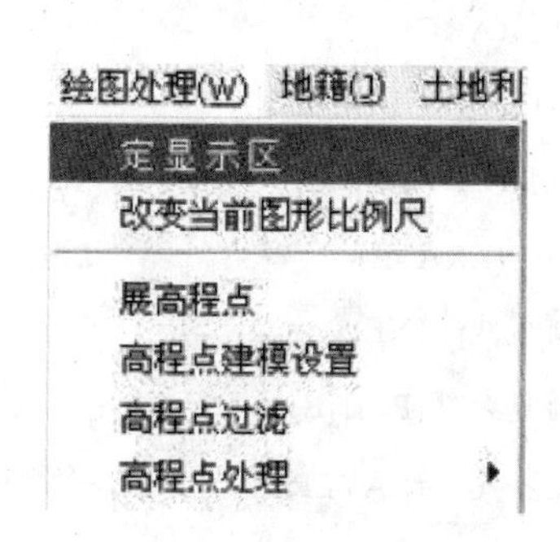

图 B-10 绘图处理菜单栏

图 B-11 工程应用菜单

2）CAD 工具栏

CAD 工具栏主要包含了 CAD 图形处理命令，如镜像、剪切、反转等操作。

3）CASS 工具栏

当启动 CASS9.0 后，可以看到在屏幕左侧有一个工具条，它是 CASS 所特有的，其聚集了 CASS 操作中一些较为常用的功能，如查看实体编码、坐标查询、文字注记等，如果对某些功能不了解，可以将鼠标移动到该功能区上，停留一两秒钟，这时系统会出现相应的功能说明，我们可以利用说明来了解各个功能键的作用。

4）屏幕菜单栏

此菜单栏为用户设置了多种图形绘制方式，是一个测绘专用交互绘图菜单，如图 B-12 所示。

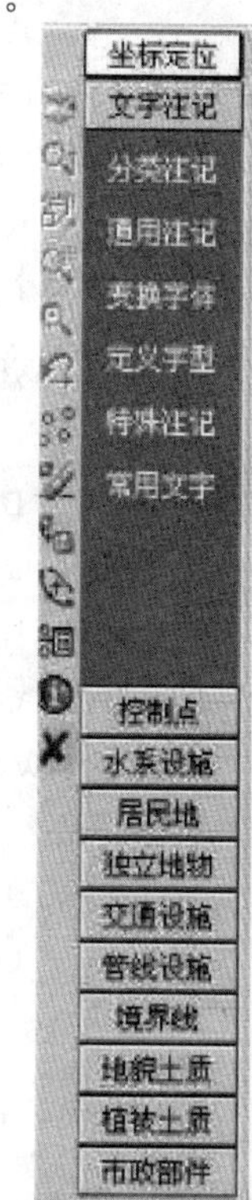

图 B-12 屏幕菜单栏

5）命令栏

在命令栏中用户可以直接使用快捷命令进行快速绘图、查询等操作，极大地提高了工作效率。

6）状态栏

状态栏直接显示绘图区域各种状态信息。

3. CASS9.0 快捷键简介

CASS9.0 系统不仅包含了所有 CAD 系统内部的快键操作命令，而且 CASS9.0 也为用户提供了更具针对性的操作命令，如图 B-13 所示。所有快捷命令都可从命令栏中直接输入应用。

4. 小结

CASS9.0 软件系统由于其强大的功能，面向适应对象的多元化、专业化，已成为各相关单位所使用的主流软件系统。此处我们只是对 CASS9.0 软件做了简要的介绍，希望对大家进一步的学习有所帮助。

CASS9.0系统	AutoCAD系统
DD —— 通用绘图命令	A —— 画弧(ARC)
V —— 查看实体属性	C —— 画圆(CIRCLE)
S —— 加入实体属性	CP —— 拷贝(COPY)
F —— 图形复制	E —— 删除(ERASE)
RR —— 符号重新生成	L —— 画直线(LINE)
H —— 线型换向	PL —— 画复合线(PLINE)
KK —— 查询坎高	LA —— 设置图层(LAYER)
X —— 多功能复合线	LT —— 设置线型(LINETYPE)
B —— 自由连接	M —— 移动(MOVE)
AA —— 给实体加地物名	P —— 屏幕移动(PAN)
T —— 注记文字	Z —— 屏幕绽放(PAN)
FF —— 绘制多点房屋	R —— 屏幕重画(PEDRAW)
SS —— 绘制四点房屋	PE —— 复合线编辑(PEDIT)
W —— 绘制围墙	
K —— 绘制陡坎	
XP —— 绘制自然斜坡	
G —— 绘制高程点	
D —— 绘制电力线	
I —— 绘制道路	
N —— 批量拟合复合线	
O —— 批量修改复合线高	
WW —— 批量改变复合线宽	
Y —— 复合线上加点	
J —— 复合线连接	
Q —— 直角纠正	

图 B-13 CASS9.0 **系统快捷命令**

附录C 《工程测量员》国家职业标准(6-01-02-04)

1. 职业概况

1.1 职业名称

工程测量员。

1.2 职业定义

使用测量仪器设备,按工程建设的要求,依据有关技术标准进行测量的人员。

1.3 职业等级

本职业共设五个等级,分别为:初级(国家职业资格五级)、中级(国家职业资格四级)、高级(国家职业资格三级)、技师(国家职业资格二级)、高级技师(国家职业资格一级)。

1.4 职业环境条件

室内、外,常温。

1.5 职业能力特征

有较强的计算能力、判断能力、分析能力和空间感觉。

1.6 基本文化程度

高中毕业(或同等学力)。

1.7 培训要求

1.7.1 培训期限

全日制职业学校教育,根据其培养目标和教学计划确定。

晋级培训期限:初级不少于360标准学时;中级不少于300标准学时;高级不少于260标准学时;技师不少于220标准学时;高级技师不少于180标准学时。

1.7.2 培训教师

培训初级、中级的教师,应具有本职业高级以上职业资格证书,或相关专业中级以上(含中级)专业技术职务任职资格;培训高级的教师,应具有本职业技师职业资格证书2年以上,或相关专业中级(含中级)以上专业技术职务任职资格;培训技师的教师,应具有本职业高级技师职业资格证书2年以上,或相关专业高级专业技术职务任职资格;培训高级技师的教师,应具有本职业高级技师职业资格证书3年以上，或相关专业高级专业技术职务任职资格。

1.7.3　培训场地设备

理论知识培训为标准教室；实际操作培训在具有被测实体的、配备测绘仪器的训练场地。

1.8　鉴定要求

1.8.1　鉴定对象

从事或准备从事本职业的人员。

1.8.2　申报条件

1.8.2.1　初级（具备下列条件之一者）：

(1) 经本职业初级正规培训达规定标准学时数，并取得结业证书。

(2) 在本职业连续见习2年以上。

1.8.2.2　中级（具备下列条件之一者）：

(1) 取得本职业或相关职业初级职业资格证书后，连续从事本职业工作3年以上，经本职业中级正规培训达规定标准学时数，并取得结业证书。

(2) 取得本职业初级职业资格证书后，连续从事本职业工作5年以上。

(3) 取得经劳动保障行政部门审核认定的、以中级技能为培养目标的中等以上职业学校本职业（专业）毕业证书。

1.8.2.3　高级（具备下列条件之一者）：

(1) 取得本职业或相关职业中级职业资格证书后，连续从事本职业工作4年以上，经本职业高级正规培训达规定标准学时数，并取得结业证书。

(2) 取得本职业中级职业资格证书后，连续从事本职业工作5年以上。

(3) 取得高级技工学校或经劳动保障行政部门审核认定的、以高级技能为培养目标的高等职业学校本职业（专业）毕业证书。

(4) 取得本职业中级职业资格证书的大专以上本专业或相关专业毕业生，连续从事本职业工作2年以上。

1.8.2.4　技师（具备下列条件之一者）：

(1) 取得本职业高级职业资格证书后，连续从事本职业工作5年以上，经本职业技师正规培训达规定标准学时，并取得结业证书。

(2) 取得本职业高级职业资格证书后，连续从事本职业工作7年以上。

1.8.2.5　高级技师（具备下列条件之一者）：

(1) 取得本职业技师职业资格证书后，连续从事本职业工作5年以上，经本职业高级技师正规培训达规定标准学时，并取得结业证书。

(2) 取得本职业技师职业资格证书后，连续从事本职业工作8年以上。

1.8.3　鉴定方式

分为理论知识考试与技能操作考核。理论知识考试采用闭卷笔试方式，技能操作考核采用现场实际操作方式。理论知识考试与技能操作考核均实行百分制，成绩皆达60分以上者为合格。技师和高级技师还须进行综合评审。

1.8.4　考评人员和考生的配比

理论知识考试考评人员与考生配比为1∶15，每个标准教室不少于2名考评人员；技能操作考核考评员与考生配比为1∶5，且不少于3名考评员；综合评审委员不少于5名。

1.8.5　鉴定时间

各等级理论知识考试时间为120 min;实际操作技能考核时间为90～240 min;综合评审时间不少于30 min。

1.8.6　鉴定场所设备

理论知识考试在标准教室内进行,技能操作考核在具有被测实体的、配备测绘仪器的技能考核场地。

2. 基本要求

2.1　职业道德

2.1.1　职业道德基本知识

2.1.2　职业守则

遵纪守法、爱岗敬业、团结协作、精益求精。

2.2　基础知识

2.2.1　测量基础知识

(1) 地面点定位知识。

(2) 平面、高程测量知识。

(3) 测量数据处理知识。

(4) 测量仪器设备知识。

(5) 地形图及其测绘知识。

2.2.2　计算机基本知识

2.2.3　安全生产常识

(1) 劳动保护常识。

(2) 仪器设备的使用常识。

(3) 野外安全生产常识。

(4) 资料的保管常识。

2.2.4　相关法律、法规知识

(1)《中华人民共和国劳动法》相关知识。

(2)《中华人民共和国测绘法》相关知识。

(3) 其他有关法律、法规及技术标准的基本常识。

3. 工作要求

本标准对初级、中级、高级工程测量员,工程测量技师和高级技师的技能要求依次递进,高级别涵盖低级别的要求。

3.1 初级工程测量员

职业功能	工作内容	技能要求	相关知识
一、准备	(一)资料准备	1.能理解工程的测量范围和内容 2.能理解测量工作的基本技术要求	1.各种工程控制网的布点规则 2.地形图、工程图的分幅与编号规则
	(二)仪器准备	能进行常用仪器设备的准备	常用仪器设备的型号和性能常识
二、测量	(一)控制测量	1.能进行图根导线选点、观测、记录 2.能进行图根水准观测、记录 3.能进行平面、高程等级测量中前后视的仪器安置或立尺(镜)	1.水准测量、水平角与垂直角测量和距离测量知识 2.导线测量知识 3.常用仪器设备的操作知识
	(一)工程与地形测量	1.能进行工程放样、定线中的前视定点 2.能进行地形图、纵横断面图和水下地形测量的立尺 3.能现场绘制草图、放样点的点之记	1.施工放样的基本知识 2.角度、长度、高度的施工放样方法 3.地形图的内容与用途及图式符号的知识
三、数据处理	(一)数据整理	1.能进行外业观测数据的检查 2.能进行外业观测数据的整理	水平角、垂直角、距离测量和放样的记录规则及观测限差要求
	(二)计算	1.能进行图根导线、水准测量线路的成果计算 2.能进行坐标正、反算及简单放样数据的计算	1.图根导线、水准测量平差计算知识 2.坐标、方位角及距离计算知识
四、仪器设备维护	仪器设备的使用与维护	1.能进行经纬仪、水准仪、光学对中器、钢卷尺、水准尺的日常维护 2.能进行电子计算器的使用与维护	常用测量仪器工具的种类及保养知识

3.2 中级工程测量员

职业功能	工作内容	技能要求	相关知识
一、准备	(一)资料准备	1.能根据工程需要,收集、利用已有资料 2.能核对所收集资料的正确性及准确性	1.平面、高程控制网的布网原则、测量方法及精度指标的知识 2.大比例尺地形图的成图方法及成图精度指标的知识
	(二)仪器准备	1.能按工程需要准备仪器设备 2.能对DJ2型光学经纬仪、DS3型水准仪进行常规检验与校正	1.常用测量仪器的基本结构、主要性能和精度指标的知识 2.常用测量仪器检校的知识
二、测量	(一)控制测量	1.能进行一、二、三级导线测量的选点、埋石、观测、记录 2.能进行三、四等精密水准测量的选点、埋石、观测、记录	1.测量误差的概念 2.导线、水准和光电测距测量的主要误差来源及其减弱措施的知识 3.相应等级导线、水准测量记录要求与各项限差规定的知识
	(二)工程测量	1.能进行各类工程细部点的放样、定线、验测的观测、记录 2.能进行地下管线外业测量、记录 3.能进行变形测量的观测、记录	1.各类工程细部点测设方法的知识 2.地下管线测量的施测方法及主要操作流程 3.变形观测的方法、精度要求和观测频率的知识
	(三)地形测量	1.能进行一般地区大比例尺地形图测图 2.能进行纵横断面图测图	1.大比例尺地形图测图知识 2.地形测量原理及工作流程知识 3.地形图图式符号运用的知识

续表

职业功能	工作内容	技能要求	相关知识
三、数据处理	(一)数据整理	1. 能进行一、二、三级导线观测数据的检查与资料整理 2. 能进行三、四等精密水准观测数据的检查与资料整理	1. 等级导线测量成果计算和精度评定的知识 2. 等级水准路线测量成果计算和精度评定的知识
	(二)计算	1. 能进行导线、水准测量的单结点平差计算与成果整理 2. 能进行不同平面直角坐标系间的坐标换算 3. 能进行放样数据、圆曲线和缓和曲线元素的计算	1. 导线、水准线路单结点平差计算知识 2. 城市坐标与厂区坐标的基本原理和换算的知识 3. 圆曲线、缓和曲线的测设原理和计算的知识
四、仪器设备维护	仪器设备使用与维护	1. 能进行 DJ2、DJ6 经纬仪、精密水准仪、精密水准尺的使用及日常维护 2. 能进行光电测距仪的使用和日常维护 3. 能进行温度计、气压计的使用与日常维护 4. 能进行袖珍计算机的使用和日常维护	1. 各种测绘仪器设备的安全操作规程与保养知识 2. 电磁波测距仪的测距原理、仪器结构和使用与保养的知识 3. 温度计、气压计的读数方法与维护知识 4. 袖珍计算机的安全操作与保养知识

3.3 高级工程测量员

职业功能	工作内容	技能要求	相关知识
一、准备	(一)资料准备	1. 能根据各种施工控制网的特点进行图纸、起算数据的准备 2. 能根据工程放样方法的要求准备放样数据	1. 施工控制网的基本知识 2. 工程测量控制网的布网方案、施测方法及主要技术要求的知识 3. 工程放样方法与数据准备知识
	(二)仪器准备	能根据各种工程的特殊需要进行陀螺经纬仪、回声测深仪、液体静力水准仪或激光铅直仪等仪器设备准备和常规检验	陀螺经纬仪、回声测深仪、液体静力水准仪或激光铅直仪等仪器设备的工作原理、仪器结构和检验知识
二、测量	(一)控制测量	1. 能进行各类工程测量施工控制网的选点、埋石 2. 能进行各类工程测量施工控制网的水平角、垂直角和边长测量的观测、记录 3. 能进行各种工程施工高程控制测量网的布设和观测、记录 4. 能进行地下隧道工程控制导线的选点、埋石和观测、记录	1. 测量误差产生的原因及其分类的知识 2. 水准、水平角、垂直角、光电测距仪观测的误差来源及其减弱措施的知识 3. 工程测量细部放样网的布网原则、施测方法及主要技术要求 4. 高程控制测量网的布设方案及测量的知识 5. 地下导线控制测量的知识 6. 工程施工控制网观测的记录和限差要求的知识
	(二)工程测量	1. 能进行各类工程建、构筑物方格网轴线测设、放样及规划改正的测量、记录 2. 能进行各种线路工程中线测量的测设、验线和调整 3. 能进行圆曲线、缓和曲线的测设、记录 4. 能进行地下贯通测量的施测和贯通误差的调整	1. 各类工程建、构筑物方格网轴线测设及规划改正的知识 2. 各种线路工程测量的知识 3. 地下工程贯通测量的知识 4. 各种圆曲线、缓和曲线测设方法的知识 5. 贯通误差概念和误差调整的知识
	(三)地形测量	1. 能进行大比例尺地形图测绘 2. 能进行水下地形测绘	1. 数字化成图的知识 2. 水下地形测量的施测方法

续表

职业功能	工作内容	技能要求	相关知识
三、数据处理	(一)数据整理	1.能进行各类工程施工控制网观测的检查与整理 2.能进行各类工程施工控制网轴线测设、放样及规划改正测量的检查与整理 3.能进行各种线路工程中线测量的测设、验线和调整的检查与整理	各种轴线、中线测设、调整测量的计算知识
	(二)计算	1.能进行各种导线网、水准网的平差计算及精度评定 2.能进行轴线测设与细部放样数据准备的平差计算 3.能进行地下管线测量的计算与资料整理 4.能进行变形观测资料的整编	1.高斯投影的基本知识 2.衡量测量成果精度的指标 3.地下管线测量数据处理的相关知识 4.变形观测资料整编的知识
四、质量检查与技术指导	(一)控制测量检验	1.能进行各等级导线、水准测量的观测、计算成果的检查 2.能进行各种工程施工控制网观测成果的检查	1.各等级导线、水准测量精度指标、质量要求和成果整理的知识 2.各种工程施工控制网观测成果的限差规定、质量要求
	(二)工程测量检验	1.能进行各类工程细部点放样的数据检查与现场验测 2.能进行地下管线测量的检查 3.能进行变形观测成果的检查	1.各类工程细部点放样验算方法和精度要求的知识 2.地下管线测量技术规程、质量要求和检查方法的知识 3.变形观测成果计算、精度指标和质量要求的知识
	(三)地形测量检验	1.能进行各种比例尺地形图测绘的检查 2.能进行纵横断面图测绘的检查 3.能进行各种比例尺水下地形测量的检查	1.地形图测绘的精度指标、质量要求的知识 2.纵横断面图测绘的精度指标、质量要求的知识 3.水下地形测量的精度要求,施测方法和检查方法的知识
	(四)技术指导	能在测量作业过程中对低级别工程测量员进行技术指导	在作业现场进行技术指导的知识
五、仪器设备维护	仪器设备使用与维护	1.能进行精密经纬仪、精密水准仪、光电测距仪、全站型电子经纬仪的使用和日常保养 2.能进行电子计算机的操作使用和日常维护 3.能进行各种电子仪器设备的常规操作及相互间的数据传输	1.各种精密测绘仪器的性能、结构及保养常识 2.电子计算机操作与维护保养知识 3.各种电子仪器的操作与数据传输知识

3.4 工程测量技师

职业功能	工作内容	技能要求	相关知识
一、方案制定	方案制定	1. 能根据工程特点制定各类工程测量控制网施测方案 2. 能按照实际需要制定变形观测的方法与精度的方案 3. 能根据现场条件制定竖井定向联系测量施测方法、图形、定向精度的方案 4. 能根据工程特点制定施工放样方法与精度要求的方案 5. 能制定特种工程测量控制网的布设方案与技术要求	1. 运用误差理论对主要测量方法(导线测量、水准测量、三角测量等)进行精度分析与估算的知识 2. 确定主要工程测量控制网精度的知识 3. 变形观测方法与精度规格确定的知识 4. 地下控制测量的特点、施测方法及精度设计的知识 5. 联系三角形定向精度及最有利形状的知识 6. 施工放样方法的精度分析及选择 7. 特种工程测量控制网的布设与精度要求的知识
二、测量	(一)控制测量	能进行各种工程测量控制网布设的组织与实施	工程控制网布设生产流程与生产组织知识
	(二)工程测量	1. 能进行各种工程轴线(中线)测设的组织与实施 2. 能进行各种工程施工放样测量的组织与实施 3. 能进行地下工程测量的组织与实施 4. 能进行特种工程测量的组织与实施	1. 各类工程建设项目对测量工作的要求 2. 工程建设各阶段测量工作内容的知识
	(三)地形测量	能进行大比例尺地形图、纵横断面图和水下地形测绘的组织与实施	地形测量生产组织与管理的知识
三、数据处理	数据处理	1. 能进行控制测量三角网、边角网的平差计算和精度评定 2. 能进行各种工程测量控制网的平差计算和精度评定	1. 各种测量控制网平差计算的知识 2. 各种测量控制网精度评定的方法
四、质量检验与技术指导	(一)控制测量检验	1. 能进行各等级导线网、水准网测量成果的检验、精度评定与资料整理 2. 能进行各种工程施工控制网测量成果的检验、精度评定与资料整理	1. 各等级导线网、水准网质量检查验收标准 2. 各种工程施工控制网的质量检查验收标准
	(二)工程测量检验	1. 能进行各种工程轴线(中线)测设的数据检查与现场验测 2. 能进行地下管线测量成果的检验 3. 能进行变形观测成果的检验	1. 各种工程轴线(中线)的检验方法和精度要求的知识 2. 地下管线测量的质量验收标准 3. 变形观测资料质量验收标准
	(三)地形测量检验	1. 能进行各种比例尺地形图测绘的检验 2. 能进行纵横断面图测绘的检验 3. 能进行各种比例尺水下地形测量的检验	1. 各种比例尺地形图精度分析知识 2. 各种比例尺地形图测绘质量检验标准 3. 纵横断面图测绘的质量检验标准 4. 水下地形测量的质量检查验收标准
	(四)技术指导与培训	1. 能根据工程特点与难点对低级别工程测量员进行具体技术指导 2. 能根据培训计划与内容进行技术培训的授课 3. 能撰写本专业的技术报告	1. 技术指导与技术培训的基本知识 2. 撰写技术报告的知识
五、仪器设备维护	仪器设备使用与维护	1. 能进行各种测绘仪器设备的常规检校 2. 能制定常用测量仪器的检定、保养及使用制度	1. 测绘仪器设备管理知识 2. 各种测量仪器检校的知识

3.5 工程测量高级技师

职业功能	工作内容	技能要求	相关知识
一、技术设计	技术设计	1.能根据工程项目特点编制各类工程测量技术设计书 2.能根据测区情况和成图方法的不同要求编制各种比例尺地形图测绘技术设计书 3.能根据工程的具体情况与工程要求编制变形观测的技术设计书 4.能编制特种工程测量技术设计书	1.工程测量技术管理规定 2.工程测量技术设计书编写知识
二、测量	(一)控制测量	能根据规范与有关技术规定的要求对工程控制网测量中的疑难技术问题提出解决方案	规范与有关技术规定的知识
	(二)工程测量	能根据工程建设实际需要对工程测量中的技术问题提出解决方案	工程管理的基本知识
	(三)地形测量	能根据测区自然地理条件或工程建设要求对各种比例尺地形图的地物、地貌表示提出解决方案	地形图测绘技术管理规定
三、数据处理	数据处理	1.能进行工程测量控制网精度估算与优化设计 2.能进行建筑物变形观测值的统计与分析	1.测量控制网精度估算与优化设计的知识 2.建筑物变形观测值的统计与分析知识
四、质量审核与技术指导	(一)质量审核与验收	1.能进行各类工程测量成果的审核与验收 2.能进行各种成图方法与比例尺地形图测绘成果资料的审核与验收 3.能进行建筑物变形观测成果整编的审核与验收 4.能根据各类成果资料审核与验收的具体情况编写观测测量的技术报告	1.工程测量成果审核与验收技术规定的知识 2.地形图测绘成果验收技术规定的知识 3.建筑物变形观测成果资料验收技术规定的知识 4.编写测量成果验收技术报告的知识
	(二)技术指导与培训	1.能根据工程测量作业中遇到的疑难问题对低等级工程测量员进行技术指导 2.能根据本单位实际情况制定技术培训规划并编写培训计划	制定技术培训规划的知识

4. 比重表

4.1 理论知识

项目		初级工程测量员/(%)	中级工程测量员/(%)	高级工程测量员/(%)	工程测量技师/(%)	工程测量高级技师/(%)
基本要求	职业道德	5	5	5	5	5
	基础知识	25	20	15	10	5
相关知识	准备	15	15	10	—	—
	测量	35	35	35	15	15
	数据处理	5	10	12	15	20
	质量检验与技术指导	—	—	18	40	40
	仪器设备维护	15	15	5	5	—
	方案制定	—	—	—	10	—
	技术设计	—	—	—	—	15
	合计	100	100	100	100	100

4.2 技能操作

项目		初级工程测量员/(%)	中级工程测量员/(%)	高级工程测量员/(%)	工程测量技师/(%)	工程测量高级技师/(%)
技能要求	准备	20	10	10	—	—
	测量	50	57	52	30	30
	数据处理	15	20	15	15	20
	仪器设备维护	15	13	5	3	—
	质量检验与技术指导	—	—	18	37	30
	方案制定	—	—	—	15	—
	技术设计	—	—	—	—	20
	合计	100	100	100	100	100

附录 D 测量综合实训报告格式

测 量 综 合 实 训 报 告

专业班级：________________

姓　　名：________________

学　　号：________________

小　　组：________________

指导教师：________________

起讫时间：________________

<table>
<tr><td>一、简要介绍与总结：

实习学生(签名)：

年　　月　　日</td></tr>
<tr><td>二、实习鉴定：

实习队长(签名)：

年　　月　　日</td></tr>
</table>

目 录

一、实训组织与安排

包括实训时间、实训地点、小组成员(组长与组员)、指导教师以及实习的主要内容项目等。

二、实训目的

实训的目的及通过实训学生应达到的要求。

三、实训设备

实训过程所用的仪器设备。

四、实训内容

实训内容的具体工作过程及技术要求。

五、问题与解决

实训过程中遇见的问题与解决的途径。

六、收获与体会

通过实训学生所获取的知识、能力与经验教训、心得体会等。

参考文献

[1] 齐秀廷.道路工程测量实训[M].北京:机械工业出版社,2005.
[2] 蓝善勇,王万喜,鲁有柱.工程测量实训[M].北京:中国水利水电出版社,2008.
[3] 曹志勇.工程测量实训指导书[M].北京:中国电力出版社,2010.
[4] 付铁链.工程测量[M].北京:中国水利水电出版社,1998.
[5] 李向民,翟银凤,李巨栋,等.建筑工程测量[M].北京:机械工业出版社,2011.
[6] 李向民,翟银凤,李巨栋,等.建筑工程测量实训[M].北京:机械工业出版社,2011.
[7] 周建郑,赵年义,王付全,等.建筑工程测量[M].北京:化学工业出版社,2012.
[8] 周建郑,赵年义,王付全,等.建筑工程测量实训[M].北京:化学工业出版社,2012.
[9] 李生平,朱爱民.建筑工程测量[M].北京:高等教育出版社,2011.
[10] 李生平,陈伟清.建筑工程测量[M].3版.武汉:武汉理工大学出版社,2010.
[11] 郝海森.工程测量[M].北京:中国电力出版社,2010.
[12] 国家测绘地理信息局职业技能鉴定指导中心.测绘管理与法律法规[M].北京:测绘出版社,2012.
[13] 武汉测绘科技大学《测量学》编写组,测量学[M].3版.北京:测绘出版社,1994.
[14] 王依,过静珺.现代普通测量学[M].北京:清华大学出版社,2001.
[15] 何宝喜.全站仪测量技术[M].郑州:黄河水利出版社,2005.
[16] 张丕,裴俊华,杨太秀.建筑工程测量[M].北京:人民交通出版社,2008.
[17] 田文,唐杰军.工程测量技术[M].北京:人民交通出版社,2011.
[18] 李社生,刘宗波.建筑工程测量[M].大连:大连理工大学出版社,2012.
[19] 李会青.建筑工程测量[M].北京:化学工业出版社,2010.
[20] 刘谊.测量实验[M].北京:测绘出版社,1997.